微雕时代

TIME
MICRO PLASTIC

赵琼 著

青岛出版社 QINGDAO PUBLISHING HOUSE | 国家一级出版社
全国百佳图书出版单位

图书在版编目（CIP）数据

微雕时代 / 赵琼著. -- 青岛：青岛出版社，2015.1
ISBN 978-7-5552-1607-0

Ⅰ. ①微… Ⅱ. ①赵… Ⅲ. ①美容 – 基本知识②美容 – 整形外科学
Ⅳ. ①TS974.1②R622

中国版本图书馆CIP数据核字(2015)第017058号

TIME OF
MICRO PLASTIC

书　　名	微雕时代
著　　者	赵　琼
出版发行	青岛出版社
社　　址	青岛市海尔路182号（266061）
策划组稿	周鸿媛
责任编辑	王　宁　曲　静
特约编辑	孔晓南　张文静
装帧设计	毕晓郁　王　芳
制　　版	青岛艺鑫制版印刷有限公司
印　　刷	山东鸿杰印务集团有限公司
出版日期	2015年2月第1版　2015年2月第1次印刷
开　　本	32开（890毫米×1240毫米)
印　　张	11
字　　数	100千字
书　　号	ISBN 978-7-5552-1607-0
定　　价	49.80元

编校质量、盗版监督服务电话 4006532017　0532-68068670
（青岛版图书售出后如发现印装质量问题，请寄回青岛出版社出版印务部调换。
电话：0532-68068629）
本书建议陈列类别：时尚类　美容类
感谢《时尚芭莎》为本书提供大量精美图片

{序一}

　　大家好，我是韩国首尔BK整容外科医院代表院长及上海刚成立不久的中外合资医院首尔丽格医疗美容医院的总院长洪性范。

　　自1992年从事整容外科医生的职业以来，我非常幸运能够有机会在韩国运营一家最具规模且备受患者好评的医院，虽然在此期间也经常在国内外学术大会上演讲，但相比这种外表上的成功，在我心里面一直有一个小小的遗憾。那就是，我一直没有机会写一本这样的书，它能够为真正想要学习医疗美容、整容的后起者们带来实际的帮助，它是根据医生自我经验整理的临床精华。

　　赵琼医生，真诚地祝贺您成功出版了连我都没有机会完成的这么优秀的书籍。作为医疗人，我非常理解您为了出版《微雕时代》这本书经历了多少的困难和辛苦。亲自执笔一本书需要耗费大量的时间，需要阅读大量的相关文献和资料，还需要和这个领域的专家们进行无数次交流。在读这本书的过程中，我能感受到您亲自整理所有临床经验及知识所付出的努力。

　　我从我的导师那里学到"医生真正的师傅不是医生，而是患者"这句话。我来北京参观赵医生的诊所时，就想起了这句话，这里非常人性化，无论是装修还是服务，都处处体现出为患者着想的理念。

　　再一次祝贺您成功地发表著作，您的气场让我想起了韩国著名歌手安致焕的歌曲《人比花儿美丽》。

　　相信赵医生您正直的姿态能够成为很多医疗人的榜样，为中国医疗事业的发展作出更大的贡献。

　　最后祝愿所有拜读本书的观众，无论在学术上、人文上都能实现各自的梦想，也祝愿赵医生能够事业家庭双丰收！

洪性范
韩国首尔BK整容外科医院创始人、代表院长
上海首尔丽格医疗美容医院总院长
2014年12月
注：本文根据洪院长韩文原作翻译

{序二}

历经时光的蜕变，仍在众多人们心中保持女神地位的奥黛丽·赫本曾经说："若要可爱的眼睛，就要看到别人的优点；若要优美的双唇，就要讲善意的话；若要优雅的行走姿态，就要记住你永远不是独行。"从青春洋溢的少女到优雅温婉的淑女，赫本也从以美丽外表征服观众的一名演员，蜕变成内外兼修的魅力巨星。

事实上，修炼魅力，始发于心，又需神形兼备，所以外表的美丽也是魅力展示的必要手段。而从古至今，这个世界始终都未脱离"看脸的时代"。看脸并非说内心、举止、风度、教养、学识不重要，而是好的外貌仪容会让你赢得更多人生机会。

而现实中的我们并不完美，也没法做到容貌外表始终如一，所以我们才需要赵琼这样的美丽使者。她好像一个神奇的魔法师，让许多感觉自己不完美的人有了更多靠向完美的机会，也好像一道阳光和一阵清风，吹散许多人因憔悴衰老而在心中堆积的雾霾。

因为工作关系我很早就结识了许多美容医生，从他们那也了解到许多行业动态和美疗项目，而相对保守的我并不轻易尝试，直到在一次工作合作中认识了赵琼，看到许多老客人围绕在她身边，她微笑着认真而专业地解答问题，她工作时轻盈而熟练准确的注射操作，让我顿感一份由衷的信任。因为这份信任我尝试了她独创的保养注射，体验了一些从未听闻的光疗仪器，更将身边许多明星朋友放心地介绍给她，而我们也都因为赵琼，不仅获得了意想不到的治疗效果，更获得了一份对自己的信心！

　　人生，有美好的时候，也有糟糕的局面。但热爱生活的人们，总能很好地让并不完美的人生不断改变，就像赵琼专注的事业，她带给我们的并不是毫无缺陷的自己，而是让我们解决掉可以解决的问题，延展可以延展的青春，拥有本可拥有的魅力。我想通过她这本新书中所撰写的内容，你也可以对现在最新的医美专业和技术有更多的了解，从而找到自己的需求，和赵琼一起，让自己的未来继续精彩！

唐毅

明星御用著名造型师

章子怡、姚晨等巨星长期合作造型师

2014年12月

{序三}

医美消费者是需要教育的，医疗美容行业也是需要教育的。

医疗美容已经成为许多人美化生活的方式，接受它的人越来越多，但是医疗美容消费却不像逛街那么简单，它涉及诸多医学层面的问题，医患之间的信息是不对称的，这也是容易产生纠纷的原因之一。医疗美容与基本医疗的不同之处在于：消费者完全可以自主选择自己的医美消费，而在进行选择的时候，最好的参照系就是所掌握的知识。

我从事了许多年的激光临床治疗工作，也主导了多年的激光美容治疗，皮肤疾病与皮肤美容的界限慢慢变得模糊了，就医者的诉求对外观的要求越来越高，因此，知识的普及也就相应地变成双方面的需要。总体来说，就医者的功课做得越充分，对自身问题的判断就越发接近事实，对于医患双方的沟通、合理期望值的建立、预后效果以及治疗方案的选择，就越有益。

很高兴看到年轻的医生有这样的自觉，主动向消费者进行知识的普及。把医学上的术语变成一般大众可以看懂并掌握的语言，并不是一件十分容易的事，赵琼医生的上一本书是从治疗手段入手的科普著作，而这一本改从症状入手，让具有相关问题的消费者可以"对号入座"，方便了读者的阅读与选择，是一种进步，也是更接地气的做法。

赵琼医生从事医疗美容十几年了，虽然年纪不大，却是行业中的老手，积累了比较多的病例，总体来说，对临床症状的把握是准确的，这也是我愿意推荐这本科普书的原因。但是，皮肤上的问题因人而异，读者单

纯地"对号入座"也可能会存在一定的风险，真正确定属于自己的治疗方案，还应该和医生面对面地沟通，经过诊断之后达成最适合的治疗方案。

医疗美容的医生可能来自于不同的领域，如整形外科、颌面外科、皮肤科等，每个领域都可能有自己独特的视角和出发点。希望大家都加入到科普的行列中来，让我们的消费者更多地掌握相关的知识，这不但对潜在就医者是一件好事，对于方兴未艾的医疗美容行业来说，也是一件大好事。

赵小忠

原北京空军总院激光整形美容中心副主任医师

中华医学会医学美学与美容分会委员

小忠丽格诊所创始人

皮肤美容专家，30年皮肤科从业经验

2014年12月

{ 自序 }

美女是被骗大的

塑造接近自然的脸，就是微雕时代的最高境界

我每天的工作，就是在患者的脸上，做细小的加法减法，然后让她们看上去漂亮一点，或者年轻一点。

什么是美丽的哲学呢？我想谁都不是十分乐于接受"人造"的概念，所以，我们致力于通过医学的手段，塑造出接近自然的美，这就是微雕时代的境界。或许，人们以为这是生搬硬套的哲学意味，但我不这么认为，从业十年以后，我逐渐认识到，科技的医学的手段，是完全可以创造自然美的。

美由心生。心灵的美，是人的美丽源泉，如果我要说，医疗美容可以帮助人们美化身心，培养心灵的美，你是不是会说我太矫情了？但事实的确如此，我们在为就医者美化外表的时候，她们会因为外表的美化而反照内心世界，因为自信的提升，唤醒善良的人性，她们会愈加温和地对待周围的人和事。

你想要肉毒素面具脸吗？

我不得不时常对就医者说"不"，因为人们往往会陷入过于苛求完美的误区。比如肉毒素注射，人们发现一些皱纹不见了，于是又会去关注其他的一些面部问题，当这些闹心的问题解决了之后，新的问题又被发现了，于是再度光临美容诊所……最后，面具般的肉毒素脸就这样诞生了。

面部微雕的医疗技术会导致人们研究自己的脸时，距离越来越近。一

开始，女同学们会在一米开外照镜子，随着接受美容治疗次数的增加，照镜子的距离一次比一次近，最后恨不得用放大镜。过度医疗往往会令美容效果走向反面，我相信一位合格的医生都有过劝就医者适可而止的经历，但是往往经不住客人的强烈要求，作为商业医疗，这是一种消费，主动权在客人的手中。

本书出版的主要目的，是因为许多消费者是难以分清医疗美容与生活美容之区别的，所以，医疗行为也常常发生在生活美容院里，消费者甚至没有查验为你进行治疗的人是否拥有医生的资质。相对于美容外科手术来说，非手术的治疗相对简单，但是再简单，它也是医疗行为，没有医生资质的人进行治疗，便是非法行医。再简单的医疗行为，由非医生进行操作，结果是不可能和医生操作一样的。

本书是从适应症入手的，为了阅读的方便，适应症被一一罗列出来，但是，只有一种症状的人是很少的，多数人是许多个症状都有，甚至夹杂在一起，消费者自己并不容易分辨。没有关系，真正到了诊治的阶段，还是得听医生的。本书中会涉及一些产品和器械，每一次提到它们的时候，会加以简单地介绍，以后的章节中再遇到，就不再赘述。那么，我们先谈谈微整形。

什么是微整形？

事实上，微整形作为新概念并没有一个准确的定义。

一般来说，"微整形"专指所有的注射整形美容，比如肉毒素、胶原蛋白、玻尿酸等注射美容；同时一些伤口微小、隐蔽、恢复迅速的手术项目、治疗方法，比如中医埋线美容、微创隆鼻、微创双眼皮，称为"微创整形"。这些虽属手术，但造成的切口甚至不会大过一颗米粒，愈合后几乎无法察觉。"微整形"和"微创整形"不完全相同，但却有着许多相同点。因此也有人将"微创整形"算作"微整形"。微整形特点则更加明显，快捷、安全、无痕。除了注射后暂时留下的针眼，不会有任何疤痕。微整形会让人在不知不觉中发生改变。

快捷、可逆

快捷堪称微整形最具吸引力的要素。

针对时下生活节奏快，人们没有太多时间休息的情况，微整形最多半小时的注射过程自然受人青睐。相对于传统手术会造成永久性定性的风险，微整形手术良好的可逆性保证了求美者在对治疗效果不满意时可恢复原状，快捷在可靠安全性的前提下，更加令人放心。

无痕

无痕则是微整形最令人欣喜的地方。

无痕有两层含义，第一点自然是手术无痕，除了暂时的针眼，不会留下任何疤痕。第二点指的则是改变无痕。

微整形讲究不知不觉间的改变，今天的你也许已经让朋友感觉不同，但具体的不同点却又让人无法言语，十天半月之后，每个人都察觉出你变得年轻美丽，却不知道发生了什么，甚至自己也说不出所以然来。当你静静观察以往的照片，便会露出会心的微笑——原来我真的变了。

在这点上，各种光电美容做得很出色，因此也有人将光电美容划入微整形的范畴。

复合微整形

由于微整形的方式、方法很多，很多擅长微整形的专家就充分发挥各个微整形项目的优点，将其整合在一起，于是，"复合微整形"便应运而生。但是，并不是随便选几样微整形项目放在一起就是复合微整形，复合微整形作为一个崭新的概念有其明确的内涵。

复合微整形的各个项目要体现互补性和增强性，也就是要达到"1+1＞2"的效果，基本上包括四大类：埋线+光电+注射+药妆。

具体而言，埋线是运用中医理论，通过在人体特定部位，也就是穴位埋线，从而持续刺激该穴位，以达到促进减肥、排毒等作用，这一功能是其他微整形项目所不及的；光电产品方面，项目也非常多，有激光、射频两大类仪器，目前，效果非常好，也比较流行的是射频仪器——"热玛吉"（Thermage）。Thermage是一种安全性高、没有任何创伤的治疗方式，能使皮肤紧致，减轻皱纹。它独特的深层加热技术能刺激皮肤产生新的胶原蛋白，让皮肤更健康、肤质更好并改善脸型轮廓，有提升、收紧面部松弛皮肤的功能。光电项目的总体特点是疗程长，次数多，效果持久；而注射项目往往是立竿见影，时间短，效果明显，但往往持续时间短。药妆产品，就是含有药物成分的化妆品，对于治疗后的修复，诸如激光治疗后的皮肤色沉、热损失、小的创面等都有很好的疗效，能迅速降低各类项目对皮肤的损失度。所以，这几类微整形项目各有千秋，能产生互补，而且互相促进，相辅相成。

随着复合微整形的推广，相信越来越多的顾客会受益于这种全方位治疗，复合微整形一定会引领微整形的未来，开创微整形的新时代！

另外，特别感谢来自中国台湾的著名微整形专家王朝辉、赖衍翰、王祚轩三位先生，他们撰写了本书很多篇章，使读者可以领略来自宝岛台湾的先进美容经验，在此，特别向三位整形界的明星级人物致以最诚挚的谢意，非常感谢他们的辛苦努力！

赵 琼

2013年7月于北京

目录

前 言

整形，你准备好了吗?

每个人想要整形的原因都不同，多数的人是自己想要变美而整形，但也有不少人是因为另一半觉得她不够美而想要变美，甚至是因为和另一半感情生变，想挽回对方的心而整形。这些状况都说明了整形可以增加信心，也使生活更愉快。

但在临床上也发现某些人是对整形上瘾了，如身形已非常瘦，似纸片人，却仍要求医师为她抽脂，想达到如芭比娃娃一样的腰围，也让周围的人有整过头的感觉，这时，就要注意是真的需要整形，还是心理状况出问题了。

个性化的五官比复制的更引人注目

过去，坐诊时经常遇到患者直接拿着小S下巴的照片、蔡依林眼睛的照片就说要整得像她们一样，这时我就会请她们想象如果把安吉丽娜·朱莉的性感丰唇放到林志玲的脸上，那你还会觉得林志玲漂亮吗?

好在现在大家对于整形观念已有正确的认识，不会再勉强说要某位明星的五官，而是明确地说想要鼻子高一点、鼻头窄一点、鼻孔小一点等，并与医师讨论咨询，手术可以改变到什么程度，这样的改变是否适合自己的脸型，这样的想法是很正确的。因为如果只拿着一张照片，就告诉医师说要变成像金城武的脸，这样的做法非常危险，因为他的五官放在其他人的脸上不见得会好看，甚至会很怪。

其实只要观察演艺圈较红且知名的艺人，就会了解，即使不是最帅或最美，但只要有独有的特征，很容易就会让人记住你。

通过沟通、咨询、讨论，才能了解你真正的需求

许多第一次接触整形的患者，往往都是看亲友做得不错，就想要跟亲友一样做一疗程来变美、变年轻。

举例来说，在看到朋友割双眼皮后整个人好像年轻了好几岁，就要求医生也帮她割双眼皮，但却不了解自己真正的问题是松弛，其实要做的应该是提拉，把前额下坠的皮肤组织拉回原来的高度，原本美丽的双眼皮自然就会再度出现。

因为咨询师都是接受过专业训练与拥有专业知识的人，所以在通过交谈了解患者在意的问题后，他们能同时找出问题的原因，再建议适合的治疗方式，且让患者了解不同的手术方式能改善的状况都不同，最后再由患者自己决定采用哪些治疗方式，这样才是最好的医美咨询方法。

听说整形手术很危险，如果整坏了怎么办？

只要人活着就有遇到危险的可能，医疗行为也不例外。不管是吃药、打针或手术都有风险，例如大部分的人吃药打针都没事，但却有少数的人过敏不适，严重的还可能昏厥送急诊，这主要和个人体质有很大的关系，并没有办法完全避免。

但是并没有任何患者或医师喜欢冒险，因此，整个疗程需要患者配合，遵守医嘱；而医师也会将每个步骤做到位，将风险降到最低，但也不能保证完全零风险。

因此，一位好的咨询师在进行术前咨询时，就应该把手术的风险都告诉患者，让患者选择自己想要的方案，且能承担相对应的风险。

想要降低整形风险，就要找对医生

虽说任何医疗行为都会有风险，但一位合格且有经验的医生就能把风险降到最低，但并不是说这样就完全零风险，所以患者还是要有承担风险的心理准备再去做治疗才对，如果不能接受，或连一点风险都不想承担，那么最好不要做任何治疗。

选择医生千万不要用价格来衡量，因为价格反映的是医疗成本，如果

只以价格来决定是否进行整形治疗，很可能会遇到不肖的业者让不合格的或没经验的医疗人员为您做治疗。

选择自己信赖的诊所与医生才能降低整形风险！

整形失败该怎么办？

整形是为了使自己的外观更好，但若失败可能会比原来还糟，需要忍受别人异样的目光，更需要花费数十倍的时间来补救，这是无论患者还是医师都不愿意看到的，因此，我们一再强调找正规的诊所与医生整形，才是降低整形失败风险的重要因素，因为事前预防比事后弥补来得更重要。

如果已经努力避免所有失败因素，结果还是出现整形失败的情况，这时还是要积极面对，最好还是在原整形诊所，通过咨询方式与医生进行讨论、了解失败的原因，研讨出改善的方法。但如果诊所医生不愿意承担责任，就可以通过当地卫生主管部门来进行调解；若还是没有结果，就必须用法律来解决。

整形前的五大问题

1 为什么同样的整形项目，每个诊所的价格却都不一样呢？

每个到医美诊所咨询的人，一定会问的问题就是费用，在还不了解要做什么样的手术前，就会先问："这样要多少钱啊？很贵吗？"

这并没有固定的答案，即使想要整形的部位相同，每个人的需求还是不同，选择的手术方式不同，使用的材料器械也不同，自然花费的金额就不同。不了解上述因素的人，总是很单纯地到处比价，以为便宜就好，却忽略价格与医疗成本是息息相关的，毕竟一分钱一分货。这也就是为什么有许多人明明觉得常去的诊所价格特别高，但因为很信任医生的技术，也觉得诊所设备较齐全，服务等各方面条件也都比较好，即使费用略高也是会去的。

整形前别贪小便宜，还是要找合格的医生与院所，才不会因小失大，因为一次手术失败，要再次进行手术补救，其难度与风险都远高于第一次。

2 手术一定要找知名医生执刀吗？

很多人因为电视节目或网络上的介绍而决定要让哪位医生治疗，觉得能上电视的人，有一定的影响力一定比较厉害，或是网络上愈多人推荐，就表示其医术也愈被认同。但因为电视媒体等只是广告的一种媒介，所以有时媒体上的知名度和医术并没有关系，在整形前更建议通过其他渠道来了解医生的状况，如：新闻报道或学术论文的发表。

3 手术的安全性高吗？

只要是手术就一定会有风险，而合格的医生、合格的产品与良好的诊疗设备，都能将风险降低，想要在目前众多医美与整形诊所中得到好的医疗，就要把握上述的原则。

4 术后痛不痛、恢复期要多长？

由于手术过程中多半都会打麻药，因此不会有太痛、不舒服的感觉，这时候许多人就会开始担心麻醉过后，会不会有明显的痛感，而无法接受，不过现在大部分的医生为了让患者在术后比较舒适，都会搭配止痛药，所以不用太担心术后会很痛。

另一项大家最在意的术后问题，就是需要多久的恢复期。目前的手术方式都尽可能以微创为主，修复期比以往缩短许多，而且针孔与疤痕也会尽量藏在皮肤皱褶或毛发处，不容易被发现，且在伤口愈合后就能上妆遮盖，不用因为害怕被发现而不敢接受治疗。

5 手术是永久性的吗？

很多人都误以为只要做了手术就能永远维持。

举例来说，抽脂的人都会问能瘦多少公斤、会不会复胖等问题，但我们必须了解，抽脂减少脂肪的数目，是以塑形为目的，而不是减重，且即使抽掉再多脂肪，如果没有正常的饮食和运动来维持，脂肪细胞还是有可能会再变大，从而有复胖的可能。

全球最受欢迎五大微整形神器

1 肉毒素：对抗皱纹的杀手锏

全世界目前只有三个国家可以合法生产医用肉毒素，分别是美国、中国和英国。外国的两款产品比较复杂，一个是美国品牌Botox（保妥适），在爱尔兰制造；另一个是法国品牌Dysport，在英国制造。保妥适因为其产品的全球影响力，成为肉毒素产品的代名词。其应用范围较小，适用小部位的注射。通常一个部位约6000元，主要还是看医生本身的使用习惯。Dysport的应用范围较大，因此较适用于大面积的注射，但是目前中国没有进口这个产品。

中国兰州生产的A型肉毒素（衡力），已被中国的医生使用于美容外科领域很多年，但是至今还没有取得在美容方面应用的许可。说实在的，注射疗效与进口产品差不多，但是价格通常只有进口货的一半。

皱纹，是衰老的最明显症状，最容易暴露年龄的秘密。而肉毒素即是为了扼杀皱纹而诞生的。肉毒素实际上是"肉毒杆菌素"的俗称，是肉毒杆菌在繁殖过程中分泌的一种A型毒素（毒性蛋白质），具有很强的神经毒性。由于它对兴奋型神经介质有干扰作用，因此原本就是治疗肌肉神经功能亢进的药物，临床上主要用于治疗肌肉痉挛、角弓反张、脑瘫、斜视病等症。肉毒素偶然被美容医生发现对于治疗皱纹有很好的效果，于是让人乍听起来不寒而栗的肉毒素摇身一变，成了爱美人士成就青春永驻梦想的仙丹，并一度被称为生物除皱或生物素除皱。肉毒素注射除皱手术十分简单，并且具有损伤小、无创伤、见效快、操作方便、价格便宜、不影响工作等特点。对于祛除眉间纹（川字纹）、法令纹（鼻唇沟纹）、鱼尾纹等动态性皱纹的效果尤其好，同时还可用于瘦脸、瘦手臂、改善脸型等。除美容以外，肉毒素还可用于多汗症、偏头疼、眼睑痉挛、肌张力异常和其他神经症状的治疗，效果显著。

自1980年肉毒素被研发并用于治疗皱纹后，很快风靡欧美并遍布世界，大受好莱坞明星们的青睐。据有关资料报道显示，A型肉毒素美容的年增长率高达142%，早在上个世纪就有专家预测和评估：A型肉毒素将成为"21世纪美容除皱的主要方法"。

肉毒素为剧毒生物制剂，1毫克的肉毒素就可以置人于死地，这也正是许多人对其有疑虑的主要原因。但在临床上个体单次应用的剂量比较小，所以很安全。

肉毒素多应用于脸部，不过光是小小的脸即有一百多条肌肉，若是注射不当难免会有表情僵硬的疑虑，因此通常下脸部较少施打肉毒素。另外也有人用它来治疗萝卜腿等肌肉发达的部位。

2 玻尿酸：皮肤水分补给站

拥有水嫩肌肤是每个女人都梦寐以求的美丽愿望，保湿补水成为美女们每天的必修课，但如何才能长久保持皮肤的水润光泽，如婴儿般嫩滑白皙，这是困扰许多人的大问题。

玻尿酸（Hyaluronic acids）又称透明质酸或糖醛酸，是一种透明的天然多糖类胶状结晶物，大量存在于人类结缔组织及真皮层中，这种物质是由双糖不断聚合而成的高分子化合物，分子量愈大，即聚合的单体愈多，结构愈完整。该物质具有强力的吸水性与保水性，可保持肌肤弹性，还能帮助肌肤从体内及皮肤表层吸收大量水分，对组织具有保湿润滑的作用。1克玻尿酸可以吸收500毫升的水分。高浓度的玻尿酸附着在肌肤上时，会吸取更多的水分，增加肌肤的深层保水能力，展现极佳的保湿效果，是当今公认的最佳保湿产品，也是目前国际生化保养界之主流产品。

通过注射玻尿酸补充人体缺失的水分，能填充皱纹，还能增强锁水能力，保持弹性，让皮肤保持年轻状态。

3 胶原蛋白：左右青春的遥控器

胶原蛋白又称胶原，是一种糖蛋白，属不完全蛋白，在人体中仅占3%～5%，却是掌握一个人身体外观、肌肤样态是否维持弹性的关键。

动物中的胶原蛋白，如牛蹄筋、鸡翅、鸡皮、鱼皮以及软骨等，这些胶原蛋白是大分子的蛋白质，并不能被人体直接吸收，而且这类食物大多脂肪含量较高，不适合经常食用。擦的胶原蛋白，能在肌肤表层形成一层薄膜，达到保护肌肤的特性，可产生保湿效果，保持肌肤滋润，但是进入不了深层。

唯一可直接补充胶原蛋白的方法，就是填充植入型胶原蛋白，在祛皱和塑形之外，还能够改善肌肤质量，从根本上延缓肌肤衰老。

④ 电波拉皮：瘦身紧肤二合一

如果说抽脂手术是大举入侵彻底歼灭脂肪细胞，那电波拉皮可说是从体外发威强迫脂肪细胞瘦身减肥。

电波拉皮技术是应用电磁波的作用原理，通过单极与双极的电磁作用让人体里的水分子旋转摩擦产生热量，这样的电磁传导过程完全无痛不需上麻药，可刺激胶原蛋白更新，达到紧实皮肤、恢复肌肤弹性及燃脂的效果。除了瘦身之外，电波拉皮最重要的作用是能改善橘皮组织和加强皮肤的紧实度，这可是靠手术也无法达到的效果。

⑤ 美速：美肤塑形两不误

绝大部分药物都能透过表皮达到真皮或皮下脂肪，可是不管外用药物还是口服制剂，真正达到目标部位时浓度其实都很低了，为了提高到达中胚层的药物浓度，最直接也最有效的方法其实就是注射。

美速（Mesotherapy）激光注射溶脂减肥治疗的原理是将含有减肥成分的液体以针的形式，直接注射入人体的皮下脂肪层，将皮下脂肪溶解。当药物通过皮下组织时，刺激局部脂肪细胞内的脂肪酶数量增加，继而刺激蛋白质的活化，使细胞内的脱氧核苷三磷酸转化成脱氧核苷酸，促使脂肪活化而切断脂肪酸，使其分解成细小状态，随着身体的新陈代谢由淋巴系统排出体外，消除身体的多余脂肪，解决掉橘皮组织，促进血液及淋巴循环，使皮肤恢复光滑弹性，纤体瘦身。

第一章 回春
驻颜有术
CHAPTER 1

01 皮肤紧致与除皱——
Dian bo la pi 电波拉皮

　　电波拉皮（除皱、紧实皮肤、溶脂）是以高频电波，用带负电的电子进入皮肤后产生极化作用（正电变负电＆负电变正电），每秒钟来回振荡600万次，水分子因此摩擦生热，利用此热能刺激成纤维细胞制造新的胶原蛋白、分解脂肪，达到紧实肌肤、除皱、缩小毛孔、消脂、瘦脸等作用。

{ 电波拉皮的效果 }

1.即刻效果：真皮层胶原蛋白与皮下组织层的纤维中隔受热而瞬间收缩，因收缩而立即产生紧致效果，改善松弛问题。

2.长期效果：胶原蛋白收缩后，会启动肌肤胶原蛋白新生与重组，且长达3～6个月都会不断地产生，持续使肌肤紧致，效果自然又持久。

三大治疗指标

1.热感回应指标：直接由患者的温热感受作为最适合能量的调整依据。

2.多回治疗：根据最适合热感回应指标，在全脸和需要加强的部位做"多回治疗"，提升治疗效果。

3.临床评估指标（Endpoint）：治疗后可立即感受到紧实和塑形效果。

电波拉皮可治疗的部位

1.眼周、全脸、脖子。

2.腹部、手臂（蝴蝶袖）、臀部、大腿。

3.青春痘形成的凹洞（圆盘状）。

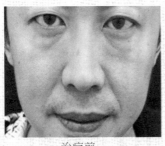
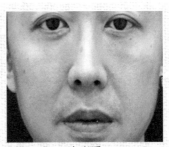

治疗前　　　　　　　　　　治疗后

1.有1%的人术后会微红与肿胀1~2周，若有红疹或脱屑现象，可搭配使用保湿产品，且需选用术后专用保养品，以缩短恢复期及延长治疗的效果。

2.术后不建议立即冰敷，避免影响热效应。但术后也不能使用太热的水，只能用温冷水轻柔洗脸，勿用力摩擦。

3.术后7天内避免使用刺激性保养品，例如：颗粒型洗面乳、磨砂膏、美白产品（左旋维生素C、熊果素等）、酒精、香料、果酸、A酸或其他酸性刺激产品。

4.术后7天内勿去蒸桑拿、洗三温暖及染烫头发。

5.术后6个月内尽量避免抽烟、喝酒、吃辛辣食物，以免抑制胶原再生活化，可多吃富含胶原蛋白的食物或口服胶原蛋白以帮助皮肤内胶原蛋白新生。

6.术后加强保湿、修复、防晒产品（SPF30以上）使用，并配合使用太阳伞与宽边帽。

7.治疗效果在治疗后6个月之内会越来越明显，令人满意的效果至少可以维持2年甚至更久，可搭配激光及导入维持其效果。

8.单次治疗即能有满意的结果，但有些人可能会想要做第二次治疗，让自己的皮肤更加紧致，可以在6个月后再做第二次。

02 电波拉皮升级版—— Ulthera极线音波拉皮

Ulthera ji xian yin bo la pi

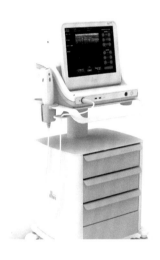

　　Ulthera极线音波拉皮又名超音波拉皮、极限音波拉皮、极线音波拉皮、优提拉、艾拉提超声刀、欧倍热（香港）、超声刀（大陆）、优珊纳（台湾）、V塑拉、速倍拉。它的原理是以高强度聚焦式超音波（High Intensity Focused Ultrasound；HIFU），将超声波聚焦于单一点，使其产生高能量，作用在浅肌肉腱膜系统（SMAS：Superficial Musculo-Aponeurotic System），让SMAS层产生凝固点收缩，进而达到筋膜悬吊拉皮的效果，达到紧致提升的美容目的。该项目还可以由深层至浅层精确地改善支撑皮肤的皮下结构，令自身老化的胶原蛋白收缩，并促使新生胶原增加和重组，构建全新的胶原蛋白纤维网，从皮肤底层恢复弹力。治疗后3~6个月效果最为明显，效果可维持1~2年。

五大优势

1.最佳的温度保障

Ulthera极线音波拉皮温度在65~72℃，是最适合胶原蛋白有效变性的温度；采用聚焦式超音波，完全不用对皮肤加热，不会对皮肤造成损伤。

2.最精确的深度

Ulthera极线音波拉皮的能量精确聚焦在组织深处，对表面肌肤无影响，一方面对深层作用，效果理想；一方面更好地保护表面皮肤。

3.技术定位，精确可靠

Ulthera极线音波拉皮采用目前最精确的专利性的"定位指标线"，能够精准定位能量落点，且能量具有可控性，细腻准确，安全更有保障，作用更加全面。

4.安全无创，随做随走

Ulthera极线音波拉皮在全球有超10万人在使用，一次治疗只需60~90分钟，治疗过程没有疼痛感，无需恢复期，且效果具有立显性和渐进性。

5.多种治疗探头，多部位作用

Ulthera极线音波拉皮能根据不同肤质和深度，选择不同的治疗探头，可作用于肌肤多种部位，如面部、颈部、眼部、腹部、手臂等，均有很好的效果。三种治疗探头针对多层次深度：1.5毫米（真皮浅层）、3.0毫米（皮下脂肪层）、4.5毫米（SMAS/颈阔肌），治疗时根据不同松弛程度搭配不同的治疗探头。

适应症

1.肌肤出现皱纹的人群：脸部有鱼尾纹、额头纹、鼻唇沟、颈纹，腹部有妊娠纹和大腿有肥胖纹等多种皱纹的人群。

2.肌肤老化、松弛、下垂的人群：下颚松垮，有双下巴、眼角下垂、眉尾下垂等状况的人群。

3.肌肤松垮、臃肿的人群：面部肌肤松弛，腹部、手臂有赘肉，臀部松弛，产后和减肥后腹部松弛、身材走样的人群。

4.女性生理期：治疗不会受影响。

治疗流程

面诊：必须素颜让医生判断需要用Ulthera极线音波拉皮治疗的部位。

图像采集：拍摄不同角度照片，以便于治疗后作比较。

麻醉：提前一天服用止痛药或治疗前敷表麻膏30分钟。

治疗：

1.将冷凝胶涂抹在Ulthera极线音波拉皮治疗探头上。

2.Ulthera极线音波拉皮探头放在治疗部位皮肤上，皮肤结构影像会显示在屏幕上，医生可根据不同位置来打超声波。

3.治疗时需特别注意：下颌边缘神经以及眶上神经。

PS：治疗时护士可以用按摩器为顾客按摩，分散注意力，增加舒适感。

注意事项

1.治疗前治疗部位有开放性伤口、皮肤病变或是囊肿型青春痘须避开。

2.治疗后当天晚上不要用冷水洗脸，以免影响皮肤内热能功效。

3.治疗后的几小时内可能会有轻微的泛红、水肿、小刺痛，在某些部位也有可能会出现极小略白的能量点小疹，但这些通常都是正常、温和且暂时性的反应。

4.治疗后一周内不要使用刺激性保养品，尽量使用温和的补水产品。外出时建议使用SPF30以上的防晒霜。

5.治疗后1个月内复诊。

1 什么是SMAS层?

在人体的头骨外面有一层筋膜层，医学上称之为Superficial Musculo-Aponeurotic System筋膜，简称SMAS筋膜。SMAS位于皮下脂肪深面，直接与颈阔肌相连。传统拉皮手术就是将SMAS筋膜层先剥离出来，然后拉紧折叠，再进行表皮、肌肉的提拉，起到除皱效果，但是手术时间长，恢复时间慢，患者痛苦大。Ulthera极线音波拉皮技术的发明使无创、无痛、无痕紧致SMAS层成为可能，因其具有治疗时间短、无恢复期、效果持久等优势，成为好莱坞明星们蜂拥追逐的治疗方式。

2 Ulthera极线音波拉皮治疗安全吗?

超音波能量的使用纪录良好，在医疗显影技术上已使用了50余年，另外，Ulthera极线音波拉皮治疗在临床安全研究后已被FDA审核认可，目前在世界各地也已实施了10万多人次治疗，未有任何不良记录。

3 Ulthera极线音波拉皮治疗过程会痛吗?

疼痛感因人而异。治疗过程的不适感为暂时性，且不适感也意味着胶原蛋白重建机制已开始作用；治疗前可与医师沟通，以麻醉方式，如局部麻药注射等减缓疼痛与紧张感。

4 Ulthera极线音波拉皮治疗后，会有副作用吗?

治疗后肌肤会有轻微泛红、小刺痛或轻微的麻胀感，但都属温和且暂时性的，会在数日内恢复；术后隔天就可以正常上班生活。

5 Ulthera极线音波拉皮治疗效果可以维持多久?

Ulthera极线音波拉皮可新生重组胶原蛋白，让皮肤紧致平滑，治疗效果可维持1~2年，但也会因个体有所差异；平常积极做好保湿防晒、不熬夜，就可让效果维持更长久。

03 肤色暗沉不均匀——
激光回春

Ji guange hui chun

{ 不同肤色，对应激光回春治疗的方式不同 }

要使肌肤回春，可以用飞梭加上不同的激光来达到除斑的效果。除斑激光主要是针对黑色素，所以一定要有黑色素存在，才会吸收激光能量；而黑色素吸收光能后会转变为热能，同时刺激我们的皮肤产生胶原蛋白，达到回春的效果。

但是，白种人天生黑色素较少，如果也用上述的方式回春，反而显不出回春的效果。或许你会问："愈白的皮肤，不是黑斑愈明显吗？用打黑的激光针对那些斑，不是目标搜寻更容易吗？"如果是为了除斑的话，确实是有效；但是"回春"还包括改善皱纹等老化现象，不只是祛斑。

由于黄种人的黑色素介于黑人跟白人之间，所以我们用打色素的激光来回春是有效果的。可是，如果你的皮肤特别白，效果相对就比较差，这时要怎样才能回春呢？可以选择水分吸收的激光仪器，如二氧化碳激光，只要碰到水就会有作用，是皮肤白的人较好的选择。

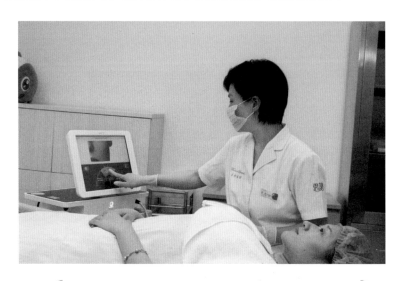

{ 肌肤深浅层部位不同，激光回春方式也不同 }

　　脸部出现细纹、老化是因为胶原蛋白跟弹性纤维的流失，一般我们利用二氧化碳激光打在脸部，表皮细胞水分因为吸收了激光而产生热能，从而促进胶原蛋白增生，皮肤就渐渐丰腴、饱满、紧实起来，细纹也跟着减少。但因为激光能量在表皮时就被水分吸收，无法将能量传递到较深层的部位，所以仅适用在较浅层的皮肤位置。

　　真皮层下的激光回春就要选择其他方式。真皮层因为被外面的角质层挡住，而飞梭激光一打到角质层细胞，就有水分把激光吸收掉，所以要用能够达到深层的激光，才能够修复真皮层的衰老。色素治疗激光就可以有这样的效果，因为真皮层下方还是有黑色素的，所以要打到深层的黑色素，一定要穿透角质层到达真皮层，这类的激光就能修复真皮层的胶原蛋白。

目前常见的各式激光治疗

1.Diode：双波长输出的激光机种（810纳米 + 940 纳米），波长810纳米的激光，可针对黑色素作用，改善暗沉，提亮净白均匀肤色，除浅层斑，淡化色素沉淀与唇色；波长940纳米的激光，可使真皮的胶原蛋白收缩，产生新的胶原蛋白与弹性蛋白，增加皮肤弹性，紧实肌肤，回春，减少细纹。

2.IPL：苹果光，波长515纳米，可改善暗沉，提亮净白均匀肤色，除浅层斑，淡化色素沉淀，增加皮肤弹性，紧实肌肤，回春。

3.彩冲光：波长560纳米，可改善暗沉，提亮净白均匀肤色，淡化色素沉淀与斑点，增加皮肤弹性，紧实肌肤，回春。

4.虹彩光：波长590纳米，可改善血管扩张增生与泛红肌肤，增加皮肤弹性，紧实肌肤，回春。

5.除毛光：波长695纳米，可除任何毛发。

6.C6：波长1064纳米，能深入真皮层发挥作用，加速表皮代谢，并刺激胶原蛋白增生，减少油脂分泌，以改善油性肤质、毛孔粗大、粉刺、皮肤暗沉、肤色不均的情况，增加皮肤光滑度、明亮度，缩小毛孔。

7.亚波奇：波长1064纳米，穿透深度非常深，热效应作用可到达真皮层深层，使深层胶原蛋白增生，同时此激光波长也可破坏黑色素，有效达到除皱、紧肤、美白的效果。

8.肌肤白：Q-switched，波长755纳米，借由不同脉冲作用时间及能量参数治疗表层及深层斑点，且同时拥有短脉冲及长脉冲作用时间，可有效处理肝斑，借由激光热作用刺激胶原蛋白增生，使肌肤更有弹性。

9.Gentle：波长755纳米，可在短时间内使毛囊的黑色素吸收光能，产生光热效应后，破坏毛囊组织与干细胞，导致毛发永久性消失。可快速祛除您不想要的毛发，包括脸上的汗毛、胡须，身上的腋毛、手毛、胸毛、脚毛、比基尼毛发，可用于治疗多毛症、毛发倒插、一字眉等，使肌肤亮白紧致。

10.Smooth bean：1450纳米波长的二极体激光，治疗深度正好在皮脂腺的位置，热能可以直接破坏皮脂腺细胞活性，减少油脂分泌让毛孔不易阻塞，也可减少痤疮杆菌的发生，预防青春痘，达到抗痘控油的目的。

11.Dye：595纳米是红细胞吸收最好的波长，光能被血管中的含氧血红素吸收转变为热能，使特定标的物凝集收缩，达到破坏血管壁而不伤害周边的皮肤组织的效果。可治疗血管性病变、酒色斑、血管瘤、微血管丝、樱桃状血管瘤、蜘蛛状血管丝、血管型黑眼圈、玫瑰斑、酒糟肤质、腿部静脉曲张、红色发炎性痘痘，褪红及抚平青春痘痘疤，除红斑、蟹足肿；也可使血管壁释放出特定的生长因子，刺激胶原蛋白再生，增加皮肤弹性及紧实度，回春。

12.Ruby红宝石激光：波长694纳米，仅选择性地被黑色素吸收，高度破坏黑色素病变，最具专一性疗效。可治疗表皮性色素斑：如雀斑、黑斑晒斑、老人斑、咖啡牛奶斑等；也可治疗真皮性色素斑：太田母斑、颧骨斑，蓝、黑色或绿色刺青、纹眉、眼线。

13.点阵激光（飞梭镭射）： 波长1550纳米的激光光束分成许多纳米级的微小加热区，由加热区周围结构完整的皮肤进行生长修复，借由穿透到真皮层的激光能量刺激胶原蛋白增生波长重组，以达到使肌肤表面平整、缩小毛细孔的目的。

14.二氧化碳点阵激光（CO_2飞梭镭射）： 波长10600纳米，以二氧化碳激光技术对肌肤深层产生热效应，利用特殊设计探头，将激光束分成许多纳米级的微小加热区，在表皮形成微创，借瞬间汽化的方式，剥离肥厚、粗糙、暗沉、不平整的表皮，使肌肤蜕变为光滑细嫩洁净的肤质；同时产生的热作用可达到真皮层以加热深层胶原蛋白，活化更新，重建肌肤底层基础胶原蛋白功能，强化肤质弹性。

15.Erbium： 波长2940纳米，属于汽化型的激光，这个波长吸收最好的物质就是水分子，当水分子吸收激光的能量后可将组织中的水分子汽化，连带将皮肤组织一起汽化，同时热作用达到加热真皮层深层胶原蛋白，使表皮新生。可祛除表皮斑、真皮斑、黑痣；改善深层皱纹、凹陷痘疤、疤痕，缩小毛孔，细致皮肤，祛除妊娠纹、生长纹及肥胖纹。

04 皮肤胶原再生——
Tong yan zhen 童颜针

Sculptra3D聚左旋乳酸（俗称童颜针），可谓目前医美治疗中较新颖的方法，是一位皮肤科医生在吸收式缝线周围组织发现有胶原蛋白新生的现象，于是想出这个回春的治疗方式。

3D聚左旋乳酸是一种与生物相容性高，且能被生物体自行分解代谢的物质，呈微粒粉末状。不同于以往的单纯填补的注射治疗，童颜针是利用注射，在真皮层、皮下层及骨膜上方立即填补流失的胶原蛋白，立即显现填充效果，并在肌肤组织中，引发轻微发炎反应，促进胶原蛋白再生，强化皮肤结构，以填平皮肤凹陷处、抚平皱纹、改善肤质，对木偶纹、法令纹和脸部轮廓线条等也有明显帮助，因此被称为液态拉皮。

注射后刚开始的4～6周内，细纹会慢慢减少，松垮的脸部组织得到修补，此时肌肤深层还是会持续增生胶原蛋白，并一点一点逐渐变年轻，且其作用会持续1～2年，甚至更久，能够在不被察觉的情况下自然恢复年轻肌肤。

{ 适应症 }

Sculptra是渐进式的从根本上改善肌肤老化问题的方法，它注入皮肤后，能迅速刺激体内胶原蛋白合成，有效改善皱纹、泪沟、双颊凹陷、法令纹、木偶纹等问题，提拉下颌线条，填补太阳穴（夫妻宫），以达到3D雕塑效果。

如何预防不良反应及副作用

因为Sculptra是借由轻微发炎反应，来促进胶原蛋白再生，以达到回春效果，故可能会有皮下丘疹出现，该如何避免呢？

1.明确地把过去的过敏病史、免疫状况，以及服用药物的情形告诉医生，若是高风险的过敏患者，需谨慎选择治疗方式，或是使用药物，以减少过敏或发炎的机会。

2.注射时，需根据患者的状况、不同的治疗部位，调整施打的剂量、浓度与深度。

治疗前

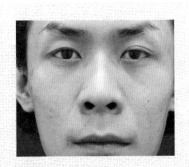

治疗后

1.施打后，若刺激出过多的胶原蛋白，皮肤会出现暂时性的肿胀感、突起感并轻微发红，这是注射后的正常现象，术后以冰敷帮助红肿减退，肿胀持续3~7天即会消失，若有瘀青则7~14天消失。

2.术后前3天建议使用医生给予的口服消炎药及修护药膏，并可搭配适合的产品，增进保湿及肌肤修复的能力。

3.建议搭配口服胶原蛋白产品，增加皮肤的保湿能力及柔软性，而且，对于术后脆弱肌肤的修复能力也会提高。

4.Sculptra属于稀释后的悬浮液，和一般注射填充剂的凝胶有所不同，为了让注射剂均匀地分布在皮肤层中，以及减少副作用发生几率，术后的按摩非常重要，按摩的原则为"555"，也就是每天按摩5次，每次5分钟，连续按摩5天。

5.选用温和不刺激的洁面产品；勿用颗粒型洗面乳或磨砂膏，以免刺激治疗部位；勿用力摩擦脸部。

6.术后3~7天内避免使用刺激性保养品，例如美白左旋C、酒精、香料、果酸、A酸、水杨酸、杜鹃花酸，以低敏感产品为主。

7.术后7天内请勿过度剧烈运动，勿洗三温暖、蒸气浴、温泉，勿用过烫的水洗脸及热敷。

8.肌肤深层需要一段时间来慢慢增生胶原蛋白，故Sculptra的治疗效果会在治疗一个月后初步看到，3~6个月后则会更加明显，治疗效果可长达25个月。由于每个人的体质与生活习惯不同，治疗效果的进度及持久度可能会因人而异。

9.由于Sculptra注射主要在骨膜上层、真皮深层及皮下组织层，所以不论是放松表情肌的肉毒素治疗，以及注射到真皮层的玻尿酸提拉，或是作用在表皮及真皮层的各式激光以及脉冲光治疗，都可以合并施行，来达到更好、更全面的效果。另外，可以和PRP或电波拉皮搭配治疗，刺激胶原蛋白增生，做到由浅入深全面的加乘效果。

05 细微纹路改善——胶原蛋白埋线

Jiao yuan dan bai mai xian

　　如果想消除浅层细纹，让自己真的变年轻，一般会使用肉毒素来消除动态纹路，而对于静态纹路基本上会使用玻尿酸来做填补，使脸部的线条与纹路即刻改善。但那只是视觉上的改善，因为老化原因是胶原蛋白的流失，而Ultra Vlift可对脸部细微纹路做提拉，其特殊线材可刺激自体胶原蛋白增生，改善肤质、缩小毛孔，达到真正的改善，还可取代肉毒素的定期注射。因为肉毒素作用在肌肉上，所以施打后会有脸部僵硬、表情不自然等现象，运用Ultra Vlift（胶原蛋白埋线）可将浅层纹路做消除，因不是作用在肌肉上，所以表情不会受影响，另外可将细微纹路做提拉，产生自体胶原蛋白，减少并取代玻尿酸的使用。

{ 适应症 }

1.抬头纹、鱼尾纹、眉间纹、眼下细纹。
2.额头、下巴、颈部的紧实提拉。

　　使用第三代高科技线材——可吸收胶原蛋白线(Polydioxanone)，埋入皮肤提拉及刺激胶原蛋白增生，拥有美国FDA、韩国KFDA的认证，安全性相当高，具有调整性，治疗后立即见效，持续时间可长达9个月。线材吸收后，其所诱发增生的胶原蛋白产生的效果，会因每个人的体质而有所不同，长期的效应则会促使胶原蛋白增生，血管新生，血液循环加快，产生皮肤更新的效应，达到紧实提拉及肤质改善的效果，因其使用的是比较细的线材，所以，适用于细微纹路的改善。

　　胶原蛋白埋线的优点如下：

　　（1）延展性更高；

　　（2）优越的柔软度；

　　（3）施打更平顺、舒适度高；

　　（4）人体吸收速度更慢，效果维持时间更久。

治疗前　　　　　　　　治疗后

06 老化状态矫正——
4D钻石线雕
4D zuan shi xian diao

{ 基本症状 }

　　随着年龄的增长、胶原蛋白的流失及脂肪的松弛，皮肤的支撑架构开始变得薄弱，皮肤的支撑力因此降低，再加上地心引力的作用，皮肤会开始松弛及下垂，皱纹也开始出现。如下图所示。

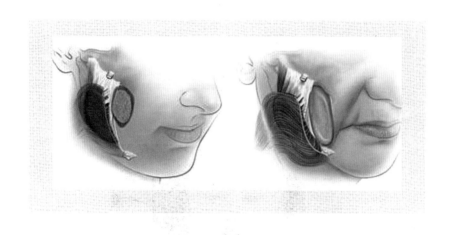

　　要解决老化的状态，使外表看起来年轻，重点是使额头与眼尾的松弛与下垂得到改善，苹果肌复位，嘴边肉消失，颈纹紧实，轮廓线明显，这样才会显现青春的气息。

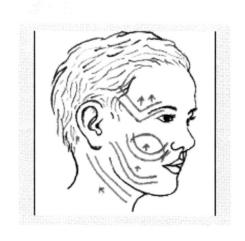

解决
方案

1 传统上处理松弛老化的问题要靠手术，除了把多余、松弛的皮肤割除外，还要重新将不同层次的皮肤组织提拉缝合，缺点是在耳前会留下疤痕。

2 新一代的技术已进步到能运用各种不同的线材去做拉皮的程度，因部位不同所需使用的线材会不一样，长度也不同，例如：额头提拉所需要的拉力与下脸（嘴边肉）及眼下细纹所需的拉力是不一样的，因为下脸的拉力比较强，而眼下细纹所使用的线材则比较细，所以如果都使用同一种线材，其效果是不好的。

（1） 4D钻石线雕即是运用各种复合式线材针对不同部位使用不同拉力与不同的钩形线材去施作，运用不同的施作技巧，产生加倍的拉力，来达到拉皮的效果。治疗过程中仅有几处小针孔，没有刀片的伤口。植入的线材在6～8个月内会自行代谢掉，不会留在体内。

（2） 4D钻石线雕的作用则是把可以刺激胶原蛋白增生的聚左旋乳酸线材埋在皮肤里面，让针刺的伤口诱发轻度急性反应，激发皮肤细胞启动自我修复程序，促使干细胞、血小板聚集，并释放出各种生长因子，再加上线材特殊的设计，让下垂的脸型可以立即紧致提升起来。而可吸收线材进入皮肤后与皮肤组织则会起协同作用，长期的效应能促进自体胶原蛋白增生及血管新生，增进血液循环，产生皮肤更新效应，达到紧实提拉及肤质改善的效果（如下图）。

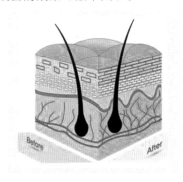

（3）聚左旋乳酸线材仅扮演开启胶原蛋白增生的角色，并不会残留于体内。而其所诱发增生胶原蛋白的效果，会因每个人的体质不同而有所差异，但自体胶原蛋白产生后即是自体细胞，不会像玻尿酸等外来填充物一样被身体代谢，但因每个人的生活作息与老化程度不同，胶原蛋白流失的速度也不一样，一般按文献记载，其长期效应在3～5年，在此期间都会促使胶原蛋白增生，以维持皮肤紧实提拉的效果。

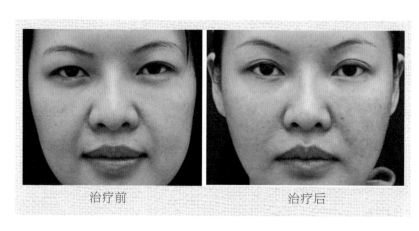

治疗前　　　　　　　　　　治疗后

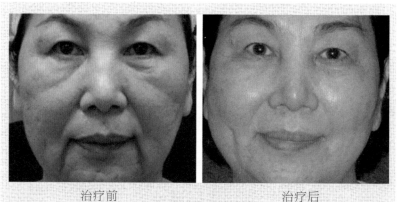

治疗前　　　　　　　　　　治疗后

辅助的方法

1.搭配自体生长因子注射（PRP）：可增加皮肤光泽、润泽度及作为胶原蛋白增加的辅酶，以促使胶原蛋白更快更多地增生，也使4D钻石线雕的紧实提拉效果更佳，可同时改善颈纹、眼下细纹、毛孔粗大、斑点等问题。

2.脸部抽脂：帮助脸部做整体性雕塑，改善因老化造成的双下巴、嘴边肉。

3.脸部补脂：增加脸部立体度，改善苹果肌、泪沟、法令凹陷等，而脂肪中的干细胞填补也可使肌肤恢复青春面貌。

4.眼整形：恢复迷人电眼，改善因老化造成的眼袋、眼皮下垂等症状。

注意事项 Focus

1.注射的地方避免用力挤压。

2.洗脸勿用力搓揉或摩擦皮肤。

3.若感到不舒服可持续冰敷。

4.配合医院所调配的消炎止痛口服药3天。

5.少部分患者会出现瘀青现象，3～7日会消失。

6.术后两周内禁止做脸部去角质及夸张表情（如大笑）。

7.若有其他反应发生请立即复诊。

1 术后肌肤有哪些改善？

（1）改善脸部轮廓线条，如上脸提眉，中脸（苹果肌）复位，下脸嘴边肉提拉。

（2）可帮助改善脸部细纹，如抬头纹、皱眉纹、鱼尾纹、泪沟、木偶纹、法令纹、颈纹等都可淡化。

2 术后可能有哪些不良反应？

（1）少数人可能会有些微瘀青，如血管较脆弱的人、皮层较薄的人，但很快就自然消退，不需要特别护理。

（2）由于线材将松弛已久的皮肤、肌肉撑紧，必然会使皮肤、肌肉收缩，而略有肿胀，这也是胶原蛋白增生的证据。

3 4D钻石线雕可以维持多久？

一般可维持3~5年。所以，别忘了每年还是要回来让医生评估调整一下。

4 一次需要埋多少条线呢？

因为每个人的肤况都不同，所以还是让医生评估肤况了解想改善的幅度后，再量身设计方案，以得到最好的治疗效果。

5 埋线会不会痛？

埋线会先在需要治疗的部位施打局部麻药，将疼痛感降到最低，大部分接受治疗的人甚至没有任何感觉，术后可出现瘀青及微酸痛感，持续3~5天，术后伤口只有针孔大小，一两天即可恢复。

治疗时间：1小时

恢复时间：1周左右

维持时间：3~5年

复诊次数：1次

手术风险：低

疼痛指数：★★

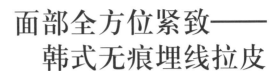

07 面部全方位紧致——
韩式无痕埋线拉皮

Han shi wu hen mai xian la pi

以回春为诉求的"拉皮"手术是侵入性的，如五爪、八爪拉皮，可立即改变，但修复期也长；非侵入性的，如电波拉皮，可启动肌肤再生机制，但需等待胶原蛋白增生的时间。就在苦无两全其美之计时，由韩国研发的创新微创拉皮（韩式4D埋线拉皮misju），可以说是两者折中后的极佳方案，它集中了快速、安全、有效的治疗优点。

什么是韩式埋线拉皮

韩式4D埋线拉皮是韩国研发的新式微创手术，使用人体可吸收缝线，故安全性高，线体上有多个倒钩，能牢牢固定于皮肤两端，立即达到提拉的效果。

手术只要使用针头注射，跟施打玻尿酸的方法一样，过程快速，不用任何切口，而且该拉皮技术不会有方向上的限制，想拉哪里就拉哪里，让下垂的脸型全面提拉，是一项简单、安全且有效的微整形治疗方法，也被称为"无痕逆龄拉皮"。

注射后除了能立即看到提拉效果，因为使用的材质是专利PDS可吸收的安全线材，在被吸收的过程中，会持续刺激胶原蛋白增生，达到长效的回春提拉效果，故一个月后，也会感受到肌肤不断持续地向上提升紧致。

韩式4D埋线拉皮快速又安全，但是注射深度需达到皮肤的SMAS（筋膜层）才会发挥作用，所以一定要请专业医生来操作，才能确实达到治疗效果。

优势特色

1.注射式拉皮，无手术刀切口，几乎不需恢复期，可立即正常上下班。

2.手术时间短，术后快速见效。

3.提拉方向不受限，脸部全面提拉除皱。

4.线体上多个倒钩设计，提升其固定力及提拉力。

5.针对不同部位，可选用不同粗细、长度的线型，以达到更精确的提拉效果。

6.可吸收线材，无残留问题，安全性高。

7.特殊线材能刺激肌肤胶原蛋白增生，达到长效回春效果。

8.适用于脸部各部位包括下巴提拉，效果自然。

9.可搭配其他方法治疗，如割双眼皮、隆鼻、丰颊等，达到更好的脸型雕塑效果。

{ 适应症 }

1.提眉　　2.眼尾下垂　　3.苹果肌下垂　　4.嘴边肉　　5.法令纹
6.木偶纹　7.抬头纹　　　8.嘴角下垂　　　9.下巴线条　10.颈部提拉

注意事项

1.手术部位可能出现肿胀发红，此乃正常现象，约1天后便会慢慢消失。

2.入针处有可能产生瘀青，此为正常现象，3~7天慢慢消退。

3.注射后当天应避免大动作的表情，也不可以大力揉捏注射部位。

4.治疗时只有微微的疼痛感，多数人都可接受，且术后一般都会搭配服用消炎或止痛剂，减轻疼痛感同时预防感染。

5.刚注射后由于缝线置于肌肤深层，初期可能会有异物感，但约一个月后此感觉就会缓解。

6.需观察自己皮肤有无红、肿、热、痛等感染情况，若发生感染，要立即就医。

08 老化皮肤修复——
黄金生长因子PRP

Huang jin sheng zhang yin zi prp

　　皮肤回春治疗的方式有很多种，其中一种就是利用自体黄金生长因子。黄金生长因子英文学名叫"PRP"，P就是platelet，血小板的意思；R就是rich，很多的意思；最后面的P就是plasma，血浆，结合起来就是platelt-rich plasma，也就是血小板浓缩以后的血浆，简称PRP。

此方式是抽取自己的血液，再将血小板的浓度增加到正常血液中血小板浓度的4～10倍，并以特殊方式使它释放出大量生长因子，而生长因子可让肌肤胶原蛋白再生，达到回春效果。

若只单纯将生长因子涂抹于肌肤上，无法使其有效成分到达真皮层，需搭配其他方式才能使其进入真皮层，达到有效治疗效果。

{ 黄金生长因子的治疗方法 }

1.直接用注射方式，将黄金生长因子注射于真皮层，使胶原蛋白增生。

2.用飞针、微针滚轮的方法，用许多细小的针头在皮肤表层穿刺，产生许多很微细的针孔，此时抹上PRP后，PRP就可借由这些小针孔进到真皮层发挥作用。

3.可以选择搭配二氧化碳飞梭镭射，在施打之后脸上会有数千个小细孔，这时再擦上PRP，它就会从细孔中渗入真皮层，帮助表皮回春再生。

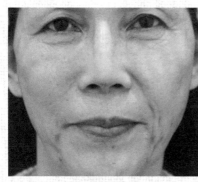 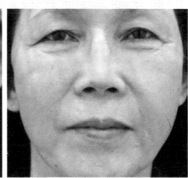

治疗前　　　　　　　　　　　　　治疗后

相关知识

1 什么是自体生长因子？

自体生长因子，又称"黄金细胞"，是利用自身血液经离心萃取、纯化，最后提取出高浓度血小板的血浆。

这些血小板在pH值6.5～6.7的环境中，若添加适当的氯化钙，会生成EGF、VEGF等9种高浓度的生长因子，将这些生长因子注射回皮肤组织中，可刺激皮肤胶原蛋白增生，达到修复老化的皮肤组织的目的。

2 血小板如何从血液中提取出来？

主要是利用抽血离心的原理，即在抽血之后，将血液放入离心机，因为不同血细胞的比重不同，故离心后血液就会分层，而中间那层就是PRP。因为这是自身的血液，所以取出后再打回原患者身上，不会有任何移植的问题。

3 自体生长因子（PRP）的作用

人体本来就有自我修复的能力，所以一旦表皮肌肤受创，身体就会通知血小板集合至伤口处，释放各种不同功能的生长因子进行修复，而自体生长因子治疗就是利用其修复特性达到肌肤再生回春的效果。

第二章　留住时光
　　　　拒绝皱纹

CHAPTER 2

01 抬头纹
Tai tou wen

{ 基本症状及原因 }

　　抬头纹的类型主要有两种：一种属于表情型抬头纹，另一种是陈旧型抬头纹。

　　表情型抬头纹是只有在有特定表情时，才会出现在额部的运动型横纹。这些皮肤褶皱大多是个人的表情习惯造成的，通常没有年龄的限制，有些很年轻的人也会产生抬头纹。

另外一种陈旧型的抬头纹则是永久性的，在肌肉老化、松弛以及习惯的加压下，即使面无表情，额头上仍可见一条条纹路，十分影响美观，形容它们的词汇有深沉与苍老两种。这时，就不能单纯靠注射肉毒素来改善，需要再搭配玻尿酸等填充物注射治疗了。

解决
方案

1 使用可爱的小毒药——肉毒素

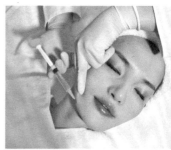

剧毒的东西可能是最好的，这就是自然界的辩证法。肉毒素曾经被用于生产生化武器，杀伤力无比巨大，在医疗领域，它也曾经是许多疾病的克星。自从加拿大的眼科与皮肤科医生夫妇发现了它的美容功效之后，就在全球掀起了一场美容医学的"肉毒素革命"。它的神经阻断功能，让人类抚平皱纹的梦想瞬间成为现实。

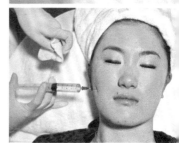

肉毒素确实是熟龄朋友的好友，我周围的朋友，只要岁数到了，几乎人人都打过。尤其是最容易皮松的额头，在施打过后，不但可以抚平线条，祛除纹路，还有提拉回春的功效。

抬头纹最常用的改善方法就是肉毒素注射，肉毒素是一种由细菌所分泌的经过纯化后的蛋白质，同时也是受管制的毒麻药品，只能由医生施打。其作用主要是让肌肉受到神经控制暂时停止活动、休息不动，久而久之因为不作用，进而减少皱纹的产生。就医者在打过两三次后，肌肉及胶原蛋白可自行修复，注射间隔会越来越长，甚至会有相当长的时间，不用再注射了。

注射的位置分为浅层及深层。一般浅层施打的位置大约在真皮层，主要可以使皮肤紧实，若施打在深层肌肉的位置，目的则是阻断神经末梢之后慢慢起作用，以达到放松肌肉的效果。

此外，在发际内散点式微量注射，不但能够祛除额纹，还可以有效缓解头疼症状。

② 肉毒素注射配合填充

注射填充产品，达到祛除静态额纹的效果，注射产品有：

（1）玻尿酸注射填充：祛除额纹的同时起到局部皮肤补水保湿的效果，保持效果为3~6个月。

（2）胶原蛋白注射填充：对皮肤起到支撑的作用，同时可以达到刺激自身胶原蛋白再生的功效，保持时间为3~6个月。

（3）爱贝芙注射填充：爱贝芙的主要成分是胶原蛋白和PMMA微球组成，可刺激自身胶原蛋白再生，起到填充作用，属于长效的注射产品，保持时间为5~10年。

（4）微晶瓷：它是一种生物软陶瓷，当其注入人体组织后，这些稳定平滑的微晶瓷晶球会形成一个骨架，让新生的胶原蛋白交错镶嵌于组织间，这种稳固而柔软的架构将产生疗效持久且不位移的结果。

③ 肉毒素注射配合光电治疗

适合的仪器有光子、激光、e乐姿几大平台，如电波拉皮、微晶磨削、射频、像素等，要根据额纹的程度选择适合波段和能量的光。光电仪器能有效刺激皮下胶原再生，同时增加皮肤的光泽，还能起到提升皮肤的作用，使皮肤更具光泽度。一般需要按疗程治疗，每次间隔7~21天，每个疗程为5次。

注意事项

1.注射后不宜乱动。

2.任何治疗都应避开月经期。

3.治疗前一周，不吃阿司匹林类的药物，吸烟的人最好能戒烟。

4.光电类治疗期间不吃芹菜、韭菜等光敏性的食物，治疗期间禁止长时间暴晒，治疗后也要减少在外长时间日晒，注意补水保湿。

5.治疗后注意休息，不食辛辣刺激性的食物。

6.要避免立刻按摩、揉搓或做剧烈运动，1~2天内要避免去桑拿浴室等场所，冰敷、热敷也应避免，清洗脸部时尽量避开注射的部位。

有些人进行注射后，会有些微的疼痛感以及瘀青，有些人甚至会感到头痛，但一般时间都十分短暂，若真有不舒适的情况出现，建议尽早复诊请医生诊疗。以肉毒素应用的普遍程度来看，其安全性十分高，尤其在美容的应用方面，但因为涉及肌肉的作用，为了避免在治疗后半年内脸部肌肉出现不协调或面无表情，仍要慎重选择医院的品牌、医生的技术及医德，也要注意不要贪便宜使用来路不明的产品。

4 手术治疗

根据情况选择颞部小切口除皱、上半颜面除皱以及内窥镜拉皮、五爪拉皮。

5 PRP治疗

PRP（富血小板血浆）是一种采用病人自身的血小板血浆使身体部分区域再生的方法。PRP的效果因人而异，但多数人需要1~3次治疗，每次间隔3~6星期，没有次数限制。三周后就开始见效，PRP刺激人体内的胶原蛋白需要3个月成熟，所以效果会越来越好，效果维持时间超过一年。

6 干细胞疗法

除了传统的除皱方法外，干细胞疗法也获得了长足的发展，但是，目前该方法还不成熟，还存在一些政策、理论与实际操作方面的限制。不过，可以预见该方法代表了医疗美容的一个方向，随着科技的不断进步，人们享受干细胞疗法的时间已经不远了。

辅助的方法

1.光电仪器治疗后可以同时配合营养导入，将营养物质导入皮下。

2.还可将美速丽肤、果酸治疗作为日常的保养来配合治疗，加强皮肤的代谢能力，同时祛除多余角质，使营养成分更易吸收，避免因皮肤长期缺少营养和足够的水分而导致干纹和细纹。

3.配合使用修复性产品，例如补水面膜等，作为光电或美速丽肤及注射后使用的辅助手段。

相关知识

1 肉毒素注射会成瘾吗？

有些人会担心有药物沉溺的问题。其实它主要是让肌肉不运动，施打后并不影响生活，因此大可不必担心，对人体也不会有永久副作用，只要觉得有需要即可进行治疗。不过医生建议不应过度频繁施打同一部位，主要是担心产生抗药性，令肉毒素的疗效降低；另外，如果是孕妇、哺乳期的妇女或是重症肌无力的患者，也会建议避免使用肉毒素。

2 肉毒素注射之后，会扩散到其他部位吗？

与玻尿酸不同，肉毒素施打后，担心扩散至其他部位是不无道理的，因此，治疗后，通常会建议患者在一段时间里不要随便走动。如果是进行抬头纹的治疗，会建议躺下来半小时至1小时。其实有经验的医生可以通过技术改善扩散的问题，施打后只需2~3个小时的休息即可恢复正常，不用过度担心。

3 施打多少肉毒素才能见效？为
什么有人说效果是"越打越持久"？

用肉毒素治疗抬头纹，基本
上也不需要恢复期。主要是外观
并无太明显的变化，通常施打后
并不会有立即的改善，一般要经
过3~4天才能见到效果，可持续
4~6个月。

有些因为习惯性动作造成抬
头纹的人，施打后因为习惯改
变，肉毒素失效后，也不会那么
容易就恢复原状，甚至有研究指
出施打肉毒素的次数越多，施
打的间隔越长，效果也有延长
的趋势。

4 注射肉毒素有何附加效应？

为了额部的整体年轻化，医
生往往会在发际之内，散点式注
射肉毒素。假如你患有间歇性的
头疼，便会获得一个意外惊喜，
在药效维持期内，你的头疼症状
会大大改善，甚至消失。因为肉
毒素同时也会暂时阻断头部的神
经。当然，这并不意味着头疼的
毛病被治愈了。

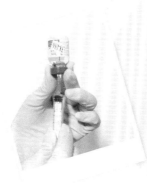

微整形时间：5~10分钟

恢复天数：3~4天

维持时间：4~6个月

复诊次数：1次

失败风险：中

疼痛指数：★★

参考价格：

肉毒素：3000~6000元/支

玻尿酸：4000~8000元/支

02 眉间纹
Mei jian wen

　　眉间纹是面部皱纹中一种常见的表情纹，随着年龄的增长，面部的皱纹会逐渐加深，双眉之间逐渐形成较深皱褶，一般呈现为"川"字，也称之为川字纹，有时也呈现为"八"或"1"字形。有眉间纹，会使人看起来总是有愁眉不展、忧郁、老态的感觉。此纹分动态性眉间纹和静态性眉间纹两种，部分人群两种形态都存在。

{ 基本症状及原因 }

1.产生眉间纹的原因

动态性眉间纹是肌肉收缩所引起的皱纹，或是说在做表情的时候所产生的皱纹。

静态性眉间纹是由于衰老造成的皮下组织萎缩及长期肌肉收缩造成的皮肤凹陷。

眉间纹的产生是皱眉肌和降眉肌的过多收缩造成的；比如习惯性皱眉头是形成眉间纹的最主要原因。

2.值得为它做手术吗？

祛除眉间纹的方法包括除皱术、激光治疗、注射填充等方法，除皱术因有切口疤痕，并发症多，恢复慢，费用高，疗效相对较差，大多数人都拒绝接受。而激光治疗因需很长时间恢复，而且对深的、已定型的皱纹无太大效果，花销也很大，大多数患者也都不愿接受。

有些医生用自体脂肪移植的方式，将眉间川字纹填充，有的还会配合PRP技术。不论是自体脂肪移植填充，还是自体脂肪干细胞培养后注射填充，疗效都是肯定的，但是很少有人会单独为了眉间纹而如此大费周章，作为综合治疗的一部分即可，单独治疗眉间纹似乎无此必要。

解决方案

① 肉毒素注射

肉毒素注射治疗眉间纹，通过肌肉注射直接到达所需区域，注射后2~3天开始起效，10~14天会达到高峰，被注射的肌肉完全松弛、麻痹，此时效果非常明显。

② 注射填充

由于肉毒素注射川字纹的技术要求十分高，如果量多了，哪怕一点点，都会造成表情僵硬，眉毛倒竖。所以，比较谨慎的医生或患者会选用单纯填充的方法。

可用于眉间填充的材料有很多，分为可降解与不可降解两种。可降解的填充材料主要是透明质酸（玻尿酸）、胶原蛋白，以及聚丙烯类合成材料；比如瑞兰、双美、福瑞达、逸美等。不可降解的填充材料指聚甲基丙烯酸甲酯（PMMA），还有医生会使用组织补片。PMMA主要是Articall（爱贝芙）、Artfill等。

可降解材料具有稳定性高，与人体组织相近，可降解，不易过敏等优点，所以，越来越受欢迎。它们除了填充皱纹，还具有滋润皮肤，恢复皮肤弹性和光泽的作用，将填充和嫩肤很好地结合在一起，使求美者达到双重满意的效果。

自体血胶原和自体脂肪移植填充也是选择之一，这两种方式可以单独使用，也可以联合使用。自体血胶原（PRP）是自体血加工而成的，可能在体内起效的时间不长，但因为其丰富的生长因子，作为一种辅助手段，可能更好一些。

③ 肉毒素注射与填充联合治疗

对于那些较深的眉间川字纹，可能单纯的肉毒素注射无法彻底解决问题。刀刻般的眉间纹，是思想者的标志，却是爱美者的大敌。

选用方案建议：

（1） 玻尿酸+肉毒素；

（2） 自体脂肪+自体血胶原（PRP）+肉毒素；

（3） 合成胶原蛋白+肉毒素。

以上方案一般需重复2～3个疗程才能达到满意的效果。

辅助的方法

那么生活中，我们该如何预防眉间纹呢？我们的建议是：避免或减少"三"、"川"上头，保持轻松愉快的心情非常重要，因为只有愁眉苦脸才容易勾勒"三"、"川"图画。所以平时应该有意识地避免做皱眉的表情动作，并经常做从眉头中央向外侧水平方向的按摩，每次3～5分钟，每天3～5次，对于眉间纹会有所改善。

电波拉皮像素射频

如皮肤松弛较明显或伴有其他部位的皱纹，并且皱纹凹陷较深，可施颞部小切口除皱、上半颜面除皱术、冠状大拉皮除皱术。

注意事项

1.任何治疗都应避开月经期。

2.治疗前一周，不吃阿司匹林类的药物，吸烟的人最好能戒烟。

3.注射后要避免立刻按摩、揉搓或做剧烈运动，1～2天内要避免去桑拿浴室等场所，冰敷、热敷也应避免，清洗脸部时尽量避开注射的部位。

4.光电类治疗期间不吃芹菜、韭菜等光敏性的食物，治疗前一周不在太阳下长时间暴晒，治疗后也要减少在外长时间日晒，注意补水保湿。

5.治疗后，注意休息，不食辛辣刺激性的食物。

1 射频除皱去川字纹手术的原理是什么?

射频除皱去川字纹是运用每秒600万次的高速射频技术作用于皮肤进行非手术面部除皱,皮肤内的分子随着射频高速运动后产生热能,皮肤组织在大量吸收热能后会大量合成新的胶原蛋白,皱纹在得到大量的新生胶原蛋白后被抚平。

2 上半颜面除冠状切口除皱术的原理是什么?

采纳发际内锯齿状切口,在深层对额肌、眉间肌进行处理,向上同时拉紧皮肤、皮下组织、肌肉及筋膜组织,切除多余头皮。切口极其隐蔽,愈合后很难找到切口;可综合改善包括额头、上睑、外眼角、鼻根不同部位的外观。比起单独做上睑除皱、眼角提升,或皱纹充填,本术式有绝对的优势,适用于上半颜面松弛老化、上睑皮肤松垂、双眼皮变窄、外眼角下垂、额纹较深、抬头纹、川字纹、鱼尾纹、鸡爪纹等衰老症状。

微整形时间:10~15分钟

恢复天数:3~7天

维持时间:5~12个月

复诊次数:1次

失败风险:低

疼痛指数:★★

参考价格:

肉毒素:3000~6000元/支

玻尿酸:4000~8000元/支

03 鱼尾纹
Yu wei wen

　　鱼尾纹，是笑的时候出现的放射状的眼角皱纹，因其形状类似鱼尾，故称鱼尾纹。眼角的鱼尾纹看上去很慈祥，但同时也会暴露年龄。

{ 基本症状及原因 }

　　鱼尾纹位于眼尾的位置，是外眦区域的皱纹，它分两种，一种是动态的，一种是静态的。

动态鱼尾纹笑的时候增加，不笑的时候就不出现。眼睛的眼轮匝肌经年累月下，因为变得肥厚以及收缩力增强，笑的时候很自然地使皮肤挤压而形成皱纹，统称为动态纹。对于这种动态鱼尾纹，有人称其为笑纹。

　　人的皮肤就像一张纸，在不停地皱褶下，久而久之便会形成纹路，不笑时眼角也有皱纹，便称为静态纹。它是由于神经内分泌功能减退，蛋白质合成率下降，真皮层的纤维细胞活性减退或丧失，胶原纤维减少、断裂，导致皮肤弹性减退，皮下组织弹性纤维松弛，眼角皱纹增多。这种情况也会因为日晒、干燥、寒冷、洗脸水温过高、表情丰富、吸烟等导致纤维组织弹性减退而加重症状。

一般什么时候就开始出现鱼尾纹？

　　由于自然老化、地心引力的作用，紫外线照射使皮肤发生光老化损伤，面部表情肌过度收缩等原因，一般女性30岁以后、男性35岁以后就开始出现皱纹，而最早出现的皱纹就是位于双侧外眼眶的鱼尾纹，之后随着年龄的增长，其他部位的皱纹相继出现。

　　但有不少人因为遗传的因素，年纪轻轻就有鱼尾纹了。经常大笑和自然老化是鱼尾纹浮现的主因，以往常见有人为了不让鱼尾纹提前报到，经常在笑的时候人工压抑眼部活动，目的正是为了减少鱼尾纹的产生。

　　有些人习惯眯眼，尤其是近视患者，由于视线模糊容易借助眯眼让视线清晰一些，若不去矫正视力，很容易因长期眯眼而形成鱼尾纹。

解决
方案

1 单纯肉毒素注射

动态鱼尾纹以肉毒素注射治疗能得到相当不错的效果。而且通常只需要注射一点点肉毒素就可以了。这种治疗需要专业的医生施打,这对每个部位治疗效果的影响甚巨。眼角部位注射药物,还是有一定技术风险的。

2 以肉毒素为主的联合治疗

对于静态的鱼尾纹,用肉毒素进行治疗为主,作用是双方面的,一是减缓眼轮匝肌的活动,二是强化其他治疗手段的效果。首先应该考虑的是光电治疗,如脉冲光、激光像素、电波拉皮等;如果皱纹较深且伴有凹陷,还可能要搭配填充物,如PMMA、玻尿酸、胶原蛋白等。也有可能是三种方法结合,才能获得较多的改善。

但是临床经验一般是:越少的方法,治疗效果越好,联合治疗的方法,一般是以两种为限,绝对不应该超过三种,太多在效果上可能适得其反,在费用上也会加倍。

至于如何将填充与光电治疗进行搭配,每个医生的方法都可能会不同,这与当时的判断与经验有关,也与就医者的自身条件有关。

辅助的方法

平时,有些动作也可能造成鱼尾纹,建议避免过度摩擦眼部,尤其在上妆、卸妆时,在眼周位置要特别轻柔,切忌用力擦拭或是顺着纹路用力拉扯,那会造成细纹加深。保养品的选择应着重保湿,尤其要选择能提高角质层含水量的产品,角质层吸水膨胀后细纹也较容易变浅。

Focus

注意事项

1.任何治疗都应避开月经期。

2.治疗前一周，不吃阿司匹林类的药物，吸烟的人最好能戒烟。

3.注射后要避免立刻按摩、揉搓或做剧烈运动，1~2天内要避免去桑拿浴室等场所，冰敷、热敷也应避免，清洗脸部时尽量避开注射的部位。

4.光电类治疗期间不吃芹菜、韭菜等光敏性的食物，治疗前一周不在太阳下长时间暴晒，治疗后也要减少在外长时间日晒，注意补水保湿。

5.治疗后，注意休息，不食辛辣刺激性食物。

相关知识

进入25岁后，人们就应开始加强保养，预防鱼尾纹增生，若是等鱼尾纹从动态纹转变成静态纹，便只能"治标"，无法"治本"了，趁早预防绝对是必要的。

施打肉毒素后，有些人会觉得眼尾变得紧实，这是因为下拉的力量消失，上提功能相对加强，因此会有变紧的感觉，但旁人往往无法观察得如此细微，因此不必担心被人发现施打过肉毒素，而这种异样感，顶多2个星期即会消失。有些人施打肉毒素后，虽然鱼尾纹部位效果良好，却觉得其他部位皱纹好像增加了，这常是因为视觉转移所造成，肉毒素所能影响的仅在于肌肉部分，并不会让细纹变大，求诊者大可放心。

用肉毒素注射眼轮匝肌的方式处理动态鱼尾纹，虽然效果很好，价格也较为平实，但是，其作用仅是暂时改变动力学，因此等肉毒素作用消失后，即会恢复原状，通常4~6个月后即需要再行补打。

04 鼻背纹
Bi bei wen

{ 基本症状及原因 }

鼻背纹产生的原因为有机体的自然老化和光老化作用，皮肤水分大量蒸发，皮肤干燥，弹力纤维下降，引起皱纹。

鼻背纹是那种数量不多，却很明显的皱纹。在表情动作过大的时候，如暴怒、大笑时，会特别地明显。

鼻背纹很难祛除。起先，它们可能是运动造成的，表情平静的时候没有；但是随着时间的推移，没有表情的时候，它们还在那里。面部负责表情的肌肉紧连着皮肤，表情肌的收缩，为我们展现了喜怒哀乐。鼻背纹的这种状况多是由于遗传原因及后天的面部表情过多而形成的。

解决方案

1 肉毒素注射

效果中等，可以减轻，但不能完全祛除，4~6个月注射1次。

2 玻尿酸注射

玻尿酸即透明质酸，原本就存在于人体真皮组织中。以高稳定性的非动物性NASHA玻尿酸做皮下注射，可达到立即性的预期容貌的效果，有祛皱、塑形、补水三大效果，但是祛除鼻背纹的效果一般，有些人借由将鼻子打高来处理，效果也只有60%~70%。

3 激光消除鼻背纹

采用中红外点阵激光皮肤重建系统，用光纤激光器，发射波长为1550纳米的激光。激光对皮肤具有立即性的紧致及长久性的再生两大功能。它是利用真皮层胶原蛋白在60℃~70℃时，会立即收缩的特性，可以让松弛的肌肤在治疗后，马上就感受到向上提拉、紧实的拉皮效果。在治疗后的2~6个月中，受刺激的真皮层胶原蛋白会逐渐增生，促使真皮层恢复紧实与弹性，皱纹由深变浅并逐渐消失。

4 PRP 技术促进自体细胞再生

PRP自体干细胞美容技术祛除鼻背纹主要有三个步骤：首先是对求美者进行静脉抽血，然后将抽取的血液用离心机提纯，最后将提取的PRP注射到鼻背纹部位，以起到祛皱、延缓衰老、提升肌肤的作用。

辅助的方法

1.光电仪器治疗后可以同时配合营养导入，将营养物质导入皮下。

2.可将美速丽肤、果酸治疗作为日常的保养来配合治疗，加强皮肤的代谢能力，同时祛除多余角质，使营养成分更易吸收，避免因皮肤长期缺少营养和足够的水分而导致的干纹和细纹。

3.配合使用修复性产品，例如补水面膜等，作为光电或美速丽肤及注射后的辅助手段。

注意事项

1.若治疗部位于最近半年内有注射玻尿酸、胶原蛋白，需事先告知医生。

2.若治疗部位曾注射人工填充物，如硅胶，不建议进行治疗。

3.有心脏疾病、装置有心律调整器者及孕妇，不建议进行治疗。

4.治疗时身上严禁佩戴任何金属物品。

5.治疗当日请勿化妆，或于治疗前清洁面部。

6.请加强保湿与防晒。

7.术后请勿用热水洗脸（不超过体温）；勿泡温泉、蒸桑拿。

8.激光治疗后皮肤会干，属正常现象。建议一周敷保湿面膜3次。

微整形时间：10~15分钟
恢复天数：3~7天
维持时间：8~10个月
复诊次数：1次
失败风险：低
疼痛指数：★★
参考价格：
肉毒素：3000~6000元/针
玻尿酸：4000~8000元/针
点阵激光：3000~6000元/次

05 双颊松弛

Shuang jia song chi

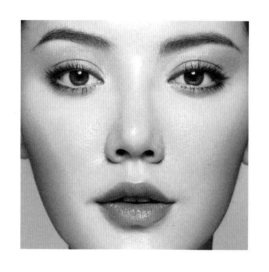

{ 基本症状及原因 }

诊断自己双颊是否松弛的方法非常简单：坐在椅子上，拿一面镜子，放在双膝，再低头往镜中看——双颊松弛是指眼裂以下面颊区域的松弛，出现赘颊，鼻唇沟变深。形成双颊松弛的原因是面部组织结构从表及里（皮肤皮下、深处的筋膜结构等）老化、弹性变差，并在重力作用下拉长、移位而产生下垂。

解决方案

矫正颊部下垂是要将松垂的颊部提紧并最大限度地保持紧致状态。而面部组织大都松软，只有将深处较致密的筋膜结构提紧使面部的基础坚实，再将松弛的皮下组织上提并使其在高位上错位愈合并牢固粘连，才能最大限度地矫正面部下垂。

"安多肽微创立体面部提升术"是一种将微创技术与可吸收分子生物材料相结合的先进除皱技术，利用一种可被人体吸收降解的生物材质安多肽上3或5个小钩提升拉紧面部肌肤，并结合目前最先进的内窥镜技术来达到祛除皱纹、提升面部的目的。

它能够快速地以平均45度角的强大斜提力量，重新拉回下坠的组织，改善眉毛下垂、眼角下垂、脸颊和颈部的皮肤松弛，重塑脸部青春曲线，让人看起来年轻10～15岁，一般仅需2个1.5～2厘米的微创口。手术结合先进的内窥镜技术，对脸部神经无损伤，整形医生只需在内窥镜的引导下，一目了然地将可自行被人体吸收的"安多肽"轻松植入，并且保持持久的效果。

辅助的方法

减缓肌肉收缩，放松肌肉，使用浓度较高的胜肽类产品进行护理，如结合激光、射频类仪器治疗，效果更持久。

Focus

注意事项

1.手术后要在恢复室观察数小时。面部需用绷带包扎，术后一周拆线。

2.术后一两天，绷带和引流将去掉，此时可看到面部肿胀和瘀斑，一般在术后2周消退，因水肿和出血引起的暂时的不一致和不对称，是正常现象，不必过于担心。小切口除皱术后面部可能会有一些麻痹，可持续数周或更长时间。

06 耳前纹

Er qian wen

{ 基本症状及原因 }

　　耳朵前方的面颊有一小块区域称作命门，如果在命门生出了皱纹，首先要注意的就是因为血液运行不良造成五脏六腑的机能开始衰退，身体的健康状况开始走下坡路。用护肤品或许可以适当减轻鱼尾纹等症状，但耳前皱纹是较难护理也较难祛除的。

解决
方案

注射肉毒素。

 辅助的方法

长期使用有收紧提升功效的药妆产品，配合射频仪器治疗。

注意事项

孕妇、哺乳期的妇女，由于处于特殊时期，很多有关药物和产品的使用都应该慎重。

 相关知识

面部的皱纹可以分为三类：

1.体位性皱纹：主要出现在颈部，正常人一出生就可在其颈部见到多条横向皱纹，这些皱纹不一定代表老化，但随着人的年龄增长和颈阔肌长期收缩，横纹会变深，横纹之间的皮肤松弛，成为面部老化的象征。

2.动力性皱纹：此类皱纹是表情肌收缩的结果，一旦出现，即使表情肌不活动，也不会消失。

它出现的部位、时间与数目因个人表情动作和习惯不同而异。

3.重力性皱纹：多发在40岁以后。人过中年，面部常不知不觉地出现一些皱纹。这类皱纹主要是由于皮下组织、肌肉与骨骼萎缩后，纤维层断裂，皮肤变松弛，加之重力的作用而逐渐产生的，故多发生在面部骨骼比较突出的部位，如眶缘、颧骨、下颚骨处等。

07 法令纹
Fa ling wen

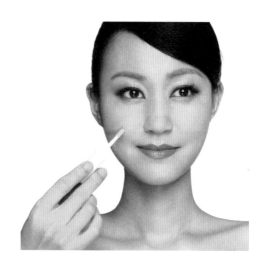

{ 基本症状及原因 }

　　女人们都会觉得，在上妆的时候，嘴角两旁卡粉的情况最讨厌，整个人看起来又累又老。这种情况就是由法令纹造成的。

　　法令纹又称"鼻唇沟"，是指鼻翼两侧至嘴角两侧的肌肉，因表情及重力、面部松弛形成的凹陷，是女人青春的克星。

　　法令纹位于鼻翼延伸至嘴角的两侧，法令纹最主要的外部原因是面部表情过多，另外自然的皮肤老化令法令纹越来越长，越来越深。

解决
方案

如果本身的肌肤非常松弛，通常医生会建议搭配拉皮手术，若是肌肤松紧度还不错，则直接注射玻尿酸即可。鼻基底凹陷的问题，只有通过鼻基底填充手术，才能够达到令人满意的效果。如果是因为面部骨骼造成的面部形象缺陷，可以通过垫膨体、打骨粉、注射爱贝芙等，让骨骼结构先提升起来，以改善面部凹陷和凸嘴的问题。

❶ 自体脂肪填充

手术只需取10~20毫升的脂肪，经过处理后，从嘴角或者直接经皮肤注射到鼻唇沟里去，稍加塑形就可以了。但随着年龄的增长，鼻唇沟还有可能渐渐地再变深。到那时也只需要重复上述的过程。手术大约10分钟，整个过程无痛苦，表面无痕迹，5~7天之后基本可以恢复正常生活，3~4周的时间完全恢复正常。

❷ 玻尿酸的注射

通过微针注入皮肤，能有效改善皮肤轮廓，消除由疤痕、伤口及皱纹引起的皮肤凹陷，增加肌肤组织容量和弹性，呈现饱满的年轻态。

❸ 胶原蛋白注射

注射胶原蛋白填充治疗鼻唇沟，主要是以极细的针头将胶原蛋白注入真皮层，经注射后立即将原本因为老化而塌陷缺损的真皮层结构有效填充起来，达到立即抚平皱纹的目的。

4 **PRP注射**

治疗前

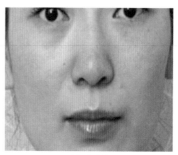
治疗后

辅助的方法

电波拉皮

在这个真假难辨的市场上，电波拉皮有养护版和医疗版之分，消费者应该先了解，通常说的电波拉皮是指养护版，医疗版是指PRT电波拉皮。

注意事项

1.患者与医生应做全面深入的术前交谈，了解手术的步骤、痛苦程度、恢复的快慢、可能达到的效果和可能存在的风险。医生应了解患者面部的情况、手术的动机、对手术的期望是否符合实际等。

2.术前进行身体健康状况的检查，了解可能存在的心肺肝血液等内科疾病、既往的手术史、用药史、过敏史等。

3.手术前一周停止饮酒，停用阿司匹林、维生素E及其他扩张血管的药物。

4.术前3天每天洗头一次，术前一夜可适当服用安眠药物，术前半小时酌情服用镇静止痛药，根据麻醉术式决定是否需要禁食。

5.对于皱纹的问题要有一个正确地认识，它是自然产生的，每个人都会发生，除皱整形手术只能祛除皱纹让自己变得更加年轻，并不能改变皮肤衰老的进程，因此消费者对于手术的期望值不能过高，同时也要根据自己的实际情况来选择手术。

6.手术前要注意做好面部和头皮的清洁卫生工作，防止出现毛囊炎等皮肤感染的问题。为减少瘢斑及血肿的发生，术前2周应停用丹参等药物。女性应计算月经周期，月经期前后应暂缓手术。

08 木偶纹

Mu ou wen

{ 基本症状及原因 }

　　木偶纹，也称流涎纹，就是我们常说的嘴角纹。嘴角有凹陷的小沟，平常没表情时都能感觉到阴影，稍微一笑立马变成木偶纹：两条纹向左斜下、右斜下展开。木偶纹是由于软组织体积萎缩、丧失支撑，真皮弹性下降等因素造成的。

　　人的脖子和下巴是容易衰老的部位。如果连续数小时，头部保持前倾或低垂状态，会增加地心引力对脸颊和颈部的影响，导致面部和下颌松弛，形成木偶纹。

解决
方案

① 自体细胞回输

该方法操作中一般取牙龈或脂肪组织，运用组织工程技术在体外培养、扩增、纯化，6~8周后达到千万的细胞数量级，再回输到本人的皱纹真皮层。自体细胞在皮肤的母体环境中能够继续生长、发育、成熟，3~4周可产生胶原蛋白，使已有的木偶纹逐渐减轻或消失，从而达到去皱的目的。

② 射频运动

该方法是利用每秒600万次的高速射频技术，让皮肤内的分子随着射频高速运动产生热能，皮肤组织在大量吸收热能后会大量合成新的胶原蛋白，皱纹在得到大量的新生胶原蛋白后被抚平，同时皮肤组织被拉紧。射频可以消除木偶纹，收紧皮肤，促使皮肤快速恢复到年轻健康的状态，延缓皮肤衰老。

③ 生物活性物质注射

这是一种利用生物活性物治疗皱纹的方法。使用时将这种生物活性物直接注射在皱纹周围，使形成皱纹的浅表肌张力减弱或松弛，从而使面部看上去润滑、有光泽，显得更加年轻。

④ 肉毒素注射

肉毒素之所以能祛除木偶纹，是因为肉毒素能抑制木偶纹四面的运动神经末梢，阻断神经和肌肉之间的信息传导，从而引起木偶纹处肌肉的松弛性麻痹，致使它们发生萎缩，使皮肤变得紧致，木偶纹也随之消失。此方法的缺点是维持时间短。

5　像素激光治疗

最先进的像素激光治疗快速而舒适，但需要多次治疗才能效果稳固。

辅助的方法

酸类保养，催生胶原

在皱纹还没有定型的轻熟龄阶段，在补充胶原蛋白的同时，可以用"酸"类保养品促进角质代谢，更刺激胶原蛋白"二次生长"，激发肌肤的青春潜能。专家建议，可选择各大品牌推出的居家果酸焕肤组合，疗程相对温和、完整，也比单瓶果酸液的活化效果好很多。对于"木偶纹"这样局部的深刻皱纹，局部焕肤也是不错的选择。

微整形时间：5~10分钟

恢复天数：3~4天

维持时间：4~6个月

复诊次数：1次

失败风险：中

疼痛指数：★★

参考价格：

肉毒素：3000~6000元/次

射频：2000~4000元/次

像素激光：3000~6000元/次

果酸焕肤：800~2000元/次

颈纹
Jing wen

{ 基本症状及原因 }

　　颈部的皱纹通常有两种，一种是初期老化的皱纹，十几岁时便开始出现，这种皱纹通常不明显；另一种皱纹则是受紫外线的影响，并随着年龄的增加而加深，这种皱纹可能非常明显。

　　颈纹的产生有两个原因，一是表皮细胞衰老，变得没有活力，细胞代谢不旺，水分减少，胞体塌陷；二是结缔组织萎缩，其中最重要的就是胶原蛋白减少。

无数次抬头、低头的动作，加上支撑头部的重量，颈部肌肤很容易老化和松弛，产生皱纹。皱纹一旦产生，便很难消除。很多女性非常注重"面子"上的保养，毫不吝啬地往脸上"堆砌"各类护肤品，却对颈部肌肤不闻不问，也不注意护理。殊不知，颈部出现皱纹也会轻易泄露你的年龄秘密。一些不太注意的女孩从25岁开始，颈部便有明显的皱纹了。如果年龄偏大，颈部皮肤更容易出现松弛、缺水、轮廓感下降的情况，更需要具有针对性的颈部护理。

解决
方案

1 注射填充

对于颈部浅表皱纹，采用玻尿酸、爱贝芙或双美胶原蛋白注射填充即可抚平皱纹、填补凹陷，取得良好的祛皱效果。

2 拉皮手术

年龄大的女性颈部皱纹往往比较深，且皮肤松弛现象严重，形成讨厌的"火鸡脖"，手术拉皮祛皱成为这类人群主要考虑的方法。相对于传统的手术除皱，现在的人们更希望选择损伤小、恢复快、对工作影响小，而又能使面部年轻化的治疗方法。目前较好的方法是"安多肽悬吊固定系统"，它的微创性、有效性、先进性以及可靠的效果满足了人们微创除皱的愿望。

3 PRP注射

4 电波拉皮

辅助的方法

在日常生活中，建议大家在临睡前对颈部进行适当的按摩，促进该部位的血液循环。前颈：用手自下而上进行轻压上推按摩，以舒缓肌肤下坠情况；后颈：将双手置于颈背，向下缓按且有节奏地揉至双肩。像这样的按摩每星期至少要做一次，有助于颈部皮肤的新陈代谢，同时延缓颈部皮肤老化。

注意事项

1.避免在月经期、孕期和哺乳期手术，其他无器质性疾病的人群都可以做祛颈纹术。

2.爱贝芙注射后皱纹会马上消失，注射局部会有轻微的疼痛，可看出针眼，并有轻度红肿，一般1~3天可消肿，一周是一个吸收期，3~6个月是胶原蛋白的吸收和自身胶原蛋白的生长时期，效果会出现。

3.爱贝芙注射后1天内尽量保持皮肤清洁干燥，避免沾水；1天后即可进行适当的化妆；3天内要避免大的面部表情动作及丰富的表情；3~7天可进行复查；1周内避免食用刺激性食物和易过敏的食物；2周后即可进行其他皮肤护理和治疗。

10 面部细纹
Mian bu xi wen

{ 基本症状及原因 }

　　到了25岁左右，你会发现在面部皮肤较薄、易折裂和干燥的部位，如眼部、嘴角周围会出现又细又短的皱纹，这是面部皮肤衰老的前兆。

解决
方案

要坚持做好防晒，可以进一步尝试用果酸焕肤、左旋维生素C导入或借助尖端的激光、复合彩光消除这些浅表细小皱纹。初期的保养治疗很重要，不仅延缓衰老，相对于后期皱纹严重时的治疗来说，也是比较经济划算的。

① 光子嫩肤治疗

主要就是针对浅表皱纹的，它通过加热真皮层组织，刺激真皮层胶原纤维增生和重新排列，治疗有效率在80％～90％，能及时消除细小皱纹，促使胶原纤维生成。其原理是通过加快细胞新陈代谢、促进胶原弹力纤维再生来改善皮肤状态和祛皱。

Focus

注意事项

1.光子嫩肤治疗期间禁食感光性食物和感光性药品。敏感性皮肤禁食会引起皮肤过敏的食物。

2.光子嫩肤术后因为皮肤的吸收能力增强，新陈代谢加快，部分患者可能出现皮肤干燥缺水的情况，所以术后须进行皮肤护理来补充足够的水分和营养。

3.光子嫩肤每个疗程分1～5次进行，根据患者个体情况不同，有些患者需要2～3个疗程。待病变区颜色逐渐消退，每次术后间隔3～4周可进行下一次治疗。

4.光子嫩肤术后请认真阅读并遵守术后须知及医生的医嘱，发现任何不适请及时与治疗医生取得联系，医生将会指导你进行正确的护理和治疗。

5.光子嫩肤术后皮肤比较细嫩，要注意防晒。外出涂防晒霜，严禁使用阿司匹林和酒精，切不可挤、压、碰、摩擦治疗部位。

6.由于对强光的敏感性存在个体差异，应配合口服维生素C、维生素E促进色素代谢，增强皮肤免疫力。与内分泌有关的病症应配合中药内调达到标本兼治的效果。

7.部分患者在术后可能会出现局部红肿，一般会在1~3天自行消失，无须治疗。极少数患者可能出现结痂和紫癜，一般在2周内自行脱落并逐渐消退。术后还有极少数患者会出现色素沉着，通常3~9个月内能自行吸收。

2 e乐姿像素激光焕肤

是利用像素原理，以点状方式来修整皮肤，犹如修改图像一样，以特殊的激光束造成许多微小体积（数十到数百微米）组织热损伤，损伤组织之间有一定间隔（数百微米），利用未受损伤组织的再生能力，刺激真皮层分泌更多的新的胶原蛋白，当皮肤源源不断产生胶原蛋白时，其真皮层的厚度和密度就会增加，填平皱纹，消除疤痕，恢复皮肤弹性和光泽，使皮肤看起来白皙嫩滑；同时促使胶原蛋白收缩，改善皮肤松弛状态，拉紧提升肌肤。

激光治疗后1~2天即可快速恢复，亦无副作用。但一般需5~10个疗程，每次间隔3~4个星期。术后皮肤较为干燥，加强保湿是必要的，但若发现干燥情况较严重，医生则会建议延长治疗的周期。

e乐姿像素激光属于分段式治疗，每次效果可达到整个疗效的20%，治疗全脸需20~30分钟。由于施打时会有些许的热感，因此事前会进行表皮麻醉，还有冷却系统帮助治疗过程中降温，治疗结束后需冰敷15~30分钟，有些人会有轻微晒伤的红热感，但不会持续太久；术后5~7天肌肤会呈现粉红色；还有些人的皮肤会略微肿胀，以上均属于正常反应。一星期之内切忌去角质或用力擦拭皮肤。

3 肉毒素和玻尿酸注射

如果面部细纹在做表情时才出现，那么可搭配注射肉毒素，使表情肌减缓活动，抑制表情肌造成的细纹，效果会更持久些；如果面部细纹属于较深的纹理，则要搭配填充物，如玻尿酸注射，才能让整体细纹一并改善。

❹ PRP注射

PRP注射对面部细纹具有非常好的祛除效果。PRP注射除皱美容技术不产生排异反应，已经通过了欧洲CE以及欧洲大部分国家卫生部门的认证，并在多个国家广泛应用，治疗的安全性有保证。PRP血清美容不仅可以除皱，同时可以达到其他的美容效果，如恢复皮肤弹性，产生胶原蛋白，促进血管生长，激活细胞再生等等。

相关
知识

1.e乐姿像素激光在价格及效果的整体衡量上，具有吸引力。

2.对于干性或中性肤质，或长期处于空调环境中工作，或在天气转凉时节，及前往较干冷的地区时，须特别加强滋润及保湿双重工作，以消除并减缓因缺乏水分而产生的干纹或细纹。

3.预防体内皱纹。脸上出现皱纹说明体内的老化，只有内应外合，才能真正预防皱纹。现代医学证明，维生素E对延缓皮肤的衰老有重要作用，可缓解皮下脂肪减少所引起的面部小皱纹。

参考价格：
光子嫩肤：800~3000元/次
像素激光：3000~6000元/次
果酸焕肤：800~2000元/次

第三章 晶莹的
面部皮肤
CHAPTER *3*

01 肤色暗沉
Fu se an chen

{ 基本症状及原因 }

　　肤色暗沉和皮肤老化紧密相关，紫外线是导致皮肤老化的主要杀手，它会让肌肤纹理混乱、血液循环不畅、黑色素积聚、肤色发暗、粗糙松弛、出现小皱纹，这些都是初期老化的症状。

　　因此，千万不要把皮肤的暗黄不当回事，这可是皮肤老化初期的重要征兆！

　　肌肤暗沉的原因之一，就是角质层的透明度降低。角质层储水充分的肌肤能够反射光线，给人清透明亮的感觉。反之，一旦角质层变得干燥，反射光线的能力就会减弱，明亮度也随之下降，肌肤自然显得暗淡无光。

肌肤暗沉的表现是：

1.皮肤变得干燥、松弛；　　　2.以颧骨高处为中心的皮肤特别暗沉；

3.整体肤色好像有层阴霾；　　4.T区较为油腻。

解决
方案

① 果酸焕肤

果酸焕肤好处多多，作为女人这辈子一定要体验一次！

果酸的种类非常多，早期主要采用甘醇酸，针对干燥肤质，保湿效果很好。目前常见的果酸焕肤是将其浓度提高，除了维持肌肤含水量，还能促进坏死的角质剥落，达到光滑、焕肤的效果。

pH值在4以下的果酸，对皮肤影响较大，因此被视为医疗级别的果酸；而pH值4以上的果酸对肌肤刺激较小，常应用于一般美容保养品。以往国外常以浓度百分比规范果酸，果酸超过10%为医疗用果酸，但事实上，果酸浓度与焕肤强度并非成正比，果酸除了pH值之外，其品牌、成分，甚至是泡果酸的机器都会影响焕肤的效果，浓度15%的果酸焕肤效果不如浓度10%的是有可能发生的。

（1）浓度高不等于效果好

果酸焕肤常见的使用浓度，大致以20%、35%、50%、70%为等级分类，在使用时除了注意浓度外，还要以时间控制强度。

使用果酸焕肤后，不能仅用清水洗涤，还需要以中和液中和果酸，但是中和需以渐进式的方式进行，若速度过快或是使用比较劣质的果酸，会让脆弱的脸部肌肤灼热并烫伤；另一方面则要把握时间，避免果酸作用时间过长，造成烧焦、结痂程度超过预期等比较危险的后果。

果酸"焕肤"，主要是让肌肤看起来明亮有光泽，而非像磨皮一样

"换"一层皮肤，除非本身有疤痕、凹洞，医生才会建议使用浓度高的果酸。虽然个人肤质状况不同，但一开始均是采用低浓度果酸，因为肌肤除了坏死的角质需要淘汰，也应该保留好的角质，才能保护皮肤，一味采用高浓度果酸，反而会对肌肤造成伤害。

（2）果酸焕肤一定要适可而止

通常果酸焕肤的疗程建议做4~6次，可以逐次提高果酸浓度，不建议采用一次做足的方式，一来避免过度刺激肌肤，二来也能提升安全性。有些美容机构标榜果酸焕肤一次完成，其实消费者同时也要承担很高的风险。

一般肌肤4~5周为一个更新周期，进行果酸焕肤疗程时，建议每次间隔2周。在肌肤尚未更换完全时即进行下一疗程的主要原因，是因为每次果酸焕肤均不能发挥百分之百的效果，例如，可能第一次焕肤只去除了20%的角质，所以需要一次又一次地焕肤，最终达到比较满意的效果。

（3）果酸焕肤有"美白"效果

果酸焕肤除了能让肌肤明亮外，在代谢的过程中也能让一些沉淀的色素脱失，因此还有美白的效果。果酸焕肤深受欢迎还有一个原因：在焕肤的过程中，能帮助肌肤通畅毛孔，因毛孔阻塞、细菌感染造成的红肿、发炎也能通过治疗得到改善，对于有粉刺、青春痘困扰的族群，有不错的效果。

果酸焕肤早期使用时并不规范，许多人因过度使用造成肌肤红肿、脱皮，这也让许多爱漂亮的美眉不敢尝试。在这里要特别强调：果酸焕肤是一种化学性的焕肤，需要有经验的医生进行操作，果酸的浓度、治疗的时间、使用者的肌肤忍受度等因素，都会影响治疗的效果。在果酸焕肤的过程中，若发现皮肤有红肿的情况，就应该立即停止，等待角质完全脱落，皮肤状况恢复后再决定是否进行下一次治疗。

一般进行果酸焕肤后，如果治疗中所使用的果酸浓度不高，医生会让使用者带浓度较低的果酸产品回家涂抹加强效果。

焕肤后有时会有结痂或脱皮的现象，建议不要上妆，并加强防晒、保湿。若有发炎则不要使用刺激性产品，如酸性、酒精性产品等，饮食方面建议少吃辛辣等刺激性食物，尽量避免吸烟饮酒。

② "钻石微雕"——焕肤新选择

除了果酸焕肤外，目前业界也十分流行物理性焕肤，如钻石微雕。钻石微雕采用精细的钻石颗粒探头，通过摩擦以及真空抽吸器去除角质，治疗后旧角质会立即脱落，不需恢复时间，安全性也较高。

钻石微雕较适合肌肤暗沉者使用，若是想对毛孔深入清洁，果酸焕肤会比钻石微雕效果好。此外，比较特殊的状况，如肌肤属于毛孔角化的人，采用果酸焕肤的效果也会较好。而皮肤太薄或是敏感型肤质，则不适合果酸焕肤疗程。

辅助的方法

使用安全有效的左旋维生素C美白肌肤的同时，建议配合黑脸娃娃、激光类设备做周期性治疗，以改善面部血液循环、促进皮肤新陈代谢。

注意事项

1.刚焕肤后的脸部会呈现泛红的状况，有时会略微脱皮或有局部结痂的情况发生，尤其是进行到高浓度治疗的时候。此时患者须谨记做好防晒及保湿的工作，切忌按捺不住瘙痒感而去抠抓脸上的痂皮，如此容易造成发炎后的色素沉淀，甚至留下明显的"抓痕"。一般只需3~5天，不适会自行消失。此时脸部粉嫩细致，非常好看，但必须做好防晒及保养的工作，方能保持"战果"。

2.焕肤必须循序渐进。一般都从低浓度、短作用时间开始，然后再逐渐提高果酸浓度、延长作用时间，在多次治疗后，一般能达到预期的疗效。做果酸焕肤千万别操之过急，欲速则不达，频率过高反而会对皮肤造成伤害！果酸焕肤的费用虽然不高，但最好还是找一位值得信任的医生，详细研究自己的肌肤状况，在对治疗过程和预后充分了解后再决定是否接受治疗。

参考价格：
光子嫩肤：800~3000元/次
果酸焕肤：200~2000元/次

毛孔粗大

Mao kong cu da

{ 基本症状及原因 }

　　皮肤老旧角质积聚越多，就会使肌肤变厚、变粗糙，毛孔变粗大，肌肤也因为无法顺利吸收水分与营养成分，变得暗沉、干燥，加速刺激油脂分泌，毛孔会继续变大，如此形成恶性循环。

　　毛孔粗大，还有以下一些原因：挤压粉刺不当、使用不当的化妆品或药物、皮肤松弛老化等。

1.先天性毛孔粗大和后天性毛孔粗大

前者毛孔较大，中间角质堆积较多，看起来为圆形；后者经过拉扯会形成椭圆形，且中间角质的堆积不见得多。不管是哪种毛孔粗大，哪个年龄、哪种肤质，额头、鼻子及鼻翼两侧都是皮脂分泌最多的部位，也是毛孔看起来较为明显的地方。

2.出油型毛孔粗大（U型）

毛孔粗大并不一定就是油性皮肤，但是油性皮肤的人很容易毛孔粗大。这类人群经常表现为全脸油光，因皮脂分泌过多，常有堆积的脂垢，使毛孔显得粗大，如果不及时祛除角质，可能会引起毛孔阻塞，堵塞油脂分泌通道，容易形成痤疮、粉刺。

3.阻塞型毛孔粗大（T型）

当出油型的毛孔持续大量出油，毛孔前端出现油脂阻塞，形成角质酸化，就转变成阻塞型毛孔。在用了水杨酸、果酸类的保养品之后，毛孔阻塞出现黑头。

4.老化型毛孔粗大（Y型）

Y型毛孔就是老化型的毛孔。如果你年轻时候是出油型或是阻塞型的毛孔，随着年龄增长，体内胶原蛋白流失，在真皮层内用以支撑毛囊立体结构的胶原蛋白、弹力纤维及其基质的含量因老化减少，使得毛囊的结构松垮下来，造成一些角质继发性地堆积在毛囊内，形成外观上类似柚子皮的椭圆形的毛孔。这类皮肤通常也会合并出现一些其他老化的表征，如黑斑、微血管扩张、细纹、肌肤暗沉、缺乏弹性等问题。

解决方案

① 黑脸娃娃

黑脸娃娃是大S在《美容大王2》中极力推荐的美容项目。台湾地区又叫"黑炭娃娃"、"柔肤激光"。黑脸娃娃以其显著的效果、无创、无需恢复等特点，深受爱美人士的喜爱。在台湾地区的一些美容诊所，经常可以看到很多人排队做"黑脸娃娃"。

该方式是将医疗级纳米炭粉涂在脸上，让它渗入毛孔，再用激光将炭粉粒子爆破，从而震碎表皮的污垢及角质；其所产生的高热能量传导至真皮层，充分刺激皮肤细胞的更新和活力，激发胶原纤维和弹力纤维的修复，利用肌体的天然修复功能，启动新的胶原蛋白有序沉积和排列，从而实现祛除幼纹及皱纹、收缩毛孔、平滑皮肤、令肌肤恢复弹性的目的。

Focus

注意事项

1."黑脸娃娃"疗程为5次。经过5次系统治疗可完成一轮细胞的新生和重组，该疗程结束后理论上可维持2～3年。因为刺激皮下胶原蛋白后，它会持续增生2～3年，但皮肤是人体面积最大的一种器官，它会受各种外在因素影响，疗效跟治疗后的保养是密切相关的。专家建议接受了"黑脸娃娃"治疗后还要做医疗级专业护理，在皮肤管理师的帮助下，尽可能提高"黑脸娃娃"的治疗效果，并维持更长时间。

2.此类治疗是利用光学原理刺激皮下胶原新生和细胞重组，胶原的新生和细胞的重组是需要一定时间的，完成治疗后我们一个星期左右才可见明显效果。

3.激光的高能量大部分是被黑色的炭粉吸收了，而我们的皮肤组织和表皮细胞只是吸收了一小部分有效能量，这部分能量转化为有效的热能来刺激皮肤新生，所以我们做此治疗时虽然有"噼里啪啦"的声音，但也不会感觉疼痛，更不会灼伤表皮。

4."黑脸娃娃"美容之后会出现短暂的红肿灼热等不良反应，因此需要迅速地降温、补水和吸热。

5."黑脸娃娃"治疗之后肌肤会高度缺水，须使用胶原面贴或冰膜之类的面膜。

6."黑脸娃娃"治疗后应当避免紫外线直接照射，注意防晒。建议使用防晒系数为SPF30～50的防晒霜，并且做到随时补抹防晒霜。如果外出时间较长，最好能够戴遮阳帽或撑防晒伞。

7."黑脸娃娃"治疗之后肌肤较为脆弱，因此在治疗后一个星期内尽量不要使用含有果酸、A酸、水杨酸、酒精等刺激性成分的化妆水或化妆品。

8.手术后的一周内尽量减少使用化妆品。

② e乐姿激光光子治疗

激光治疗毛孔粗大的原理是一样的，特定波长的激光作用于皮肤组织产生光热作用和光化学作用，促使胶原纤维和弹力纤维的新生和重新排列，使面部皮肤恢复弹性、毛孔缩小，同时也可使细小皱纹消除或减轻，从而达到抗衰老和使皮肤年轻化的目的。激光可有效地作用于皮脂腺，调节和抑制皮脂腺分泌油脂，改善油性皮肤的肤质。

e乐姿技术改变了以往运用激光或化学剥脱治疗疗效不稳定的状况，是目前治疗毛孔粗大最先进的方法，而且非常安全。它的治疗热点位置位于皮下0.5毫米～1.5毫米处，而皮脂腺和毛孔刚好位于这个深度，射频能降低皮脂腺的活性和分泌量，从而使痤疮减少，并促使毛孔周围新生大量胶原蛋白，使毛孔缩小，肤色改善，皮肤弹性增加。

辅助的方法

1.先用热毛巾敷脸，然后做面膜，这样可以有效去除皮脂，防止皮肤排泄物堆积导致毛孔大。面膜完成后，用化妆棉蘸上在冰箱里冷藏过的化妆水，轻擦脸部，再蒸，轻轻拍打，可达到收缩毛孔的目的。

2.补充维生素C，并结合微针或像素激光治疗，去除毛孔粗大效果更快速、更全面。

**相关
知识**

1.为收缩毛孔可依据冰敷的面积大小，将适量的冰块包在毛巾内，敷在脸上至少1分钟，每个人的肌肤对冰冷承受能力不同，但至少坚持冷敷1分钟，才能看到功效。

2.将泡开后的绿茶放凉，用清洁后的手指蘸取茶水轻拍毛孔粗大的区域，能有效紧肤。

3.将具有去角质功能的蔬菜或水果切成丁状倒入榨汁机内榨汁，然后用纱布包裹住榨出的渣，轻轻揉搓毛孔粗大部位，不但能温和地去角质，更有神奇的收敛毛孔的功效。

4.生活中首先一定要注意彻底清洁肌肤，然后就是要控制水油平衡，擦完化妆水一定要擦乳液保湿。饮食以清淡为好。

5.特别提示：当油脂分泌过多的时候，你就会忍不住拿出深层清洁面膜洁面，但是很多深层清洁面膜需首先将毛孔撑大，才能深入毛孔将油分与脏污带出来。因此，一定要记住 "收敛"。天生毛孔粗大的特油性皮肤，油脂分泌非常旺盛，尤其是鼻周、下巴、额头部位，最容易长粉刺、痘痘。此时就要选用些简单实用温和的祛痘除印产品，及时调理肌肤，防止痘痘进一步恶化。另外此种因体质关系而造成的毛孔粗大，必须注重清洁、保养，否则毛孔阻塞皮脂腺，死细胞越多，毛孔越扩大。而且随年纪增加，肌肤松弛、老化的情况会越来越加快。

黑脸娃娃参考价格：
1000~3000元/次

03 讨厌的下垂

Tao yan de xia chui

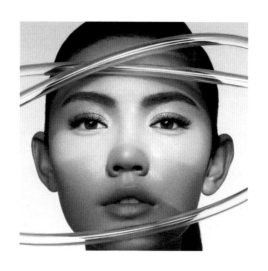

{ 基本症状及原因 }

　　脸上皮肤出现松弛和下垂的现象，除了跟年龄增长、皮下脂肪流失、皮肤失去弹性有关之外，精神紧张、阳光照射及吸烟等因素也会导致皮肤结构变化，最后使皮肤失去弹性，造成皮肤松弛和下垂。皮肤下垂是自然衰老的现象，但却是每一个人都不愿意面对的现实。皮肤下垂是皮肤失去弹性造成的，这个问题出在皮肤的真皮层。这一层里包括支撑皮肤使其显得圆润的胶原蛋白、弹性蛋白，它们随着年龄的增长，经历了日积月累的日晒而受损并逐渐变薄，功能也随之减退，皮肤因为失去支撑就垂了下来。我们会发现老年人的皮肤会越来越薄，就是因为他们的真皮层萎缩了，即便脂肪还丰富，但最具有弹性的那一层萎缩了。

人在年轻的时候，面部皮肤下面的肌肉很强健，肌肉纤维能通过提拉的力度使面部肌肉保持在相对应的位置上。随着年龄的增长，脸部肌肉也会逐渐失去弹性，再加上地球引力、老化等因素，导致脸部两侧肌肉下滑、面颊塌陷，造成面部下垂。

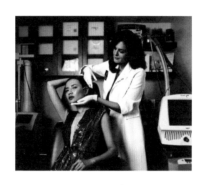

**解决
方案**

随着岁月的流逝，年龄的增长，人的皮肤都会松弛下垂，从而导致面部轮廓不再精致。怎样才能防止脸部下垂呢？

① 面部提升术

用专利器械直接剥离颧弓韧带和部分下颌韧带，并把已经松弛的韧带折叠缝合，使移位的美容点重新回到原位。由于专利器械的使用，可以直接准确地找到韧带，因此不需要做大面积的皮下剥离，不会损伤皮下表浅神经和毛细血管，不会引起表皮紧绷，表情僵化。

面部提升术创口微小，而且几乎全部隐藏在发际线以内，术后几乎没有什么疤痕，不会引起切口线脱发现象，更不用担心刀口疤痕增生，所以是时下大家认可的解决面部下垂的最佳方法。由于面部提升术将韧带提紧，使得面部整个组织包括皮肤、皮下组织、面部表情肌、韧带等，都上移复位，避免了表皮过紧、皮下其他组织仍然松弛而引起的怪异的面部特征。同时把多余的复合组织上移至颞部发际线内切除，避免了颞部头皮的隆起畸形。

② e乐姿无痛电波拉皮(光电波拉皮)

此技术不仅强化了单纯射频仪的治疗效果，还增添了强光引入，从而消除了治疗的副作用。强光能量与射频能量的共同作用，使皮肤内的分子因摩擦而产生热能，而这个热能是操作医生完全可以控制的。治疗过程中，借着热能，胶原质产生立即性收缩，同时，刺激真皮层分泌更多的新的胶原来填补收缩和流失的胶原。随着治疗的进行胶原蛋白源源不断地产生，皮肤真皮层的厚度和密度就会增加，再次托起皮肤的支架，填平皱纹，消除疤痕，恢复皮肤弹性和光泽，呈现出紧致、白皙、嫩滑的肌肤质感。其实，光电波拉皮的治疗效果等于电波拉皮与光子嫩肤共同作用的效果。而在光电波拉皮e乐姿无痛电波拉皮技术发明之前，电波拉皮与光子嫩肤这两种治疗是不可能同时进行的。

辅助的方法

1.深层清洁

面部的松弛，除了年龄问题之外，油性皮肤长痘后，引起毛孔粗大，也会导致面部皮肤松弛。因为油性肌肤的皮脂腺分泌旺盛，相对的，吸附的灰尘污垢也会比一般肤质多，这时倘若清洁工作没有仔细完成，毛孔阻塞并被撑大的几率就会更高。

2.保湿

当肌肤的真皮层缺乏水分时，表皮细胞就会开始萎缩，毛孔及皱纹等问题会显得分外明显，所以给肌肤保湿是相当重要的。

3.紧致皮肤，补充细胞能量

结合射频进行周期性治疗或结合整形手术改善。

04 皮肤松弛

Pi fu song chi

{ **基本症状及原因** }

　　皮肤松弛表现为，初级指数：毛孔突显；中级指数：面部轮廓变模糊；高级指数：松弛下垂。分别表现为：25岁以后，皮肤血液循环开始变慢，皮下组织脂肪层也开始变得松弛而欠缺弹性，从而导致毛孔之间的张力减小，使得毛孔彰显。即使体重没有增加，从耳垂到下巴的面部线条也开始变得松松垮垮，不再流畅分明，侧面看尤其明显。颧骨上的皮肤不再饱满紧致，面部的最高点慢慢往下游移，开始出现鼻唇沟（也叫法令纹）；即使不胖，也不可避免地出现了双下巴。

皮肤松弛的原因是：

1.蛋白流失

肌肤的真皮层中有两种蛋白：胶原蛋白和弹力纤维蛋白，它们支撑起了皮肤，使其饱满紧致。25岁后，这两种蛋白由于人体衰老进程而自然地减少，细胞与细胞之间的纤维随着时间流逝而退化，令皮肤失去弹性。

2.皮肤的支撑力下降

脂肪和肌肉是皮肤最大的支撑，而人体衰老、减肥、营养不均、缺乏锻炼等各种原因造成的皮下脂肪流失、肌肉松弛均会令皮肤失去支持而松弛下垂。

3.其他因素

比如地心引力、遗传、精神紧张、受阳光照射及吸烟也会使皮肤结构转化，最后使得皮肤失去弹性，造成松弛。

**解决
方案**

① 电波拉皮

电波在美容界的应用已经有几年时间了，一般的电波是双极，通常打在人体上只会在皮肤表面游走，而电波拉皮的最大特色在于采用单极电流，当电波打入后能进入真皮层，电波在一来一回的冲撞下产生热量，促进纤维蛋白的收缩，让肌肤达到紧致效果。因电波冲撞，所以电波拉皮时通常会感觉到有些烫，而原本的纤维收缩后，人体需要增生新纤维包覆旧纤维，一般要等到术后2~3个月，新纤维生成才能维持住电波拉皮的效果。

（1）效果仅有传统拉皮手术的十分之一

传统拉皮手术会让原本的皮肤越拉越薄，导致术后面部表情僵硬，

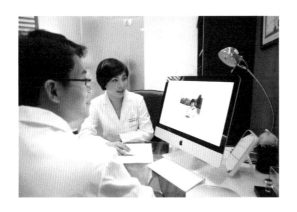

其至血管显现；现今的拉皮虽然改良了技术，将肌肉部分连同表皮一同往上拉，但因为对人体的伤害较大，且需要一个月以上的修复期，所以一般60岁以下会建议采用电波拉皮，获得0.5～1厘米的改善即可，而60岁以上皮肤较松弛，需要2～3厘米提拉效果的对象，才会建议做传统拉皮手术。

电波拉皮的效果属于渐进式的，下垂的皮肤会慢慢地往上提拉，尤其针适合对眼皮、法令纹、下巴、颈部的改善。虽然拉皮的效果仅有传统拉皮手术的十分之一，但因为不需要动刀，安全性较高，可重复治疗，修复期短不影响正常生活，做完疗程后就可上妆，这些优点决定了电波拉皮成为最受欢迎的解决松弛问题的医美方式。

（2）600发满足全脸

早期电波拉皮引进时，因为要施打的仪器头较小，所以同样的面积施打300发要花2个小时，现在因为技术先进，只要30分钟即可完成，600发约45分钟就能施打完毕。操作时间缩短的好处除了作用的范围更大，对求美者而言，也不会因时间太长麻药消退而增加疼痛感。而电波拉皮的发数，要视部位、面积而定，通常全脸一次到位大约需要施打600发。

2 VIthera极限音波拉皮

③ 点阵提升术

根据皮肤皱纹、下垂的具体情况，进行多点阵、圈式治疗：多点阵的治疗，可以确保面部的绝对除皱、提升，又非常自然，仅需30分钟操作时间，便可带你见证年轻10岁的奇迹；圈式治疗，把营养通过皮肤水蛋白通道直送至皮肤细胞膜内，激活每个皮肤细胞，促进了因为皮肤衰老而减弱的活力，持续滋养皮肤，轻松藏起你的10岁肌龄。

操作疗程：一次30分钟，可以维持6~12个月。

④ 内源性生长因子

内源性生长因子疗法源自美容圣地瑞士，获欧盟CE认证。内源性生长因子疗法，就是利用自身血液，用短短的一个半小时时间，制作出富含高浓度血小板和自体生长因子的原液，并通过在皮肤组织中注射的方式，对整个皮肤层进行全面调节和再生改善，达到修复受损皮肤，延缓皮肤老化的目的。

内源性生长因子非同寻常的效果在于它不只是针对某个特定皮肤层，而是对整个皮肤的所有构造进行再生修复及重新组合，可以使你在短短几个月内重现靓丽如新的面貌。

另外，内源性生长因子对于祛除面部细纹（如鱼尾纹）、颈纹有很好的效果。

辅助的方法

维生素，尤其是维生素E，是人体不可或缺的抗氧化剂，能有效抵抗亲水自由基和亲油自由基，多种维生素的补充是改善和预防光老化的黄金搭档。推荐结合射频仪器先后使用，效果加倍且更加持久。

Focus 注意事项

电波拉皮不适合装有心脏起搏器、子宫内避孕器者使用，此外要特别注意息肉体质。有些人采用电波拉皮后没有紧致效果，反而让脸变得更大，通常第一次术后就会发现，这时会建议避免采用电波拉皮。其次，要留意施打部位的脂肪状况，若脂肪多，施打的能量就得提高，用以溶解脂肪，像腹部、大腿、蝴蝶袖等。若脂肪少，如脸上的皱纹，就该让电波的作用浅一些，若医生经验不足，全都施打，足以让脂肪溶解，会导致不需要溶解的部位产生凹陷，造成反效果。

建议施打应以全脸为主，因为拉皮并非局部提拉后就可获得改善，而是要全面性的紧致。手术后，会觉得有些红肿、热、痛，建议要多冷敷，回家后要加强保湿，可以多用面膜敷脸，由于脸部会有角质脱落，外出时要做好防晒工作；生活作息方面，一周内要避免用高于体温的水洗脸，更不要进行蒸脸、焕肤等保养，三温暖、温泉、烤箱等也要避开，以免面部因脱水造成不适。

05 永恒的美白

Yong heng de mei bai

{ 基本症状及原因 }

　　黑色素是存在于每个人皮肤基底层的一种蛋白质，每个人的皮肤中含有的色素含量由遗传所决定。紫外线的照射会令黑色素产生变化，生成一种保护皮肤的物质，然后黑色素又经由细胞代谢的层层移动，到了肌肤表皮层，形成了我们现在所看到的色斑和肤色不匀等皮肤问题。

　　紫外线对皮肤的损害有两种：一种是即时伤害——太阳灼伤和晒黑；另一种则是长期伤害——晒斑和色素沉着、幼纹和皱纹的出现，还可导致皮肤癌。因此日常防紫外线是护肤的重要措施之一。

解决方案

① 美白针

美白针里的成分大都是抗氧化成分，其中包括谷胱甘肽（Glutathione）、传明酸（Tranexamic Acid）和维生素C等。谷胱甘肽主要是谷氨酸、半胱氨酸和甘氨酸结合而成的三肽，是免疫系统保持正常功能的关键物质；美白用谷胱甘肽多为左旋谷胱甘肽，它除了有保肝解毒作用外还有美白肌肤等作用。其主要作用就是抗氧化美白和整合解毒。它能够分解机体多余的或病理性的色素，清除掉人体内的自由基，清洁和净化人体内环境，从而起到增强体质和美白肌肤的作用。传明酸能迅速地抑制络氨酸酶和黑色素细胞的活性，防止黑色素聚集，能阻断因为紫外线照射而形成黑色素恶化的行进路径，因而能有效抑制黑色素的产生，防止肌肤出现多余黑色素，起到维持肌肤白皙的效果。维生素C是体内一种重要的抗氧化剂，有助于身体排毒，帮助细胞抗氧化。

② 起效最迅速的美白方式——"黑脸娃娃"

如果希望迅速美白，推荐"黑脸娃娃"，我们也叫它"光动力激光美白术"，原因在于它起效非常迅速。

"黑脸娃娃"还可以刺激皮肤下的胶原蛋白进行再生，这样可以让你的皮肤更有弹性，还可以美白肌肤，收缩毛孔，淡化色斑，因此，"黑脸娃娃"受到了广大求美者的一致好评。

3 经久不衰的光子嫩肤

光子嫩肤是近5年发展起来的一种带有美容性质的治疗技术，可以说是脱毛的孪生兄弟。在脱毛的过程中，人们发现经过反复的脱毛治疗后，毛区的皮肤会变得相对光滑而靓丽起来。首先发现这个有趣现象的是美国的皮肤科激光医生，他们惊讶地发现，当面部须发脱除后，皮肤明显变得年轻起来。

光子嫩肤实际上就是利用脉冲强光对皮肤进行带有美容性质的治疗，采用的是一种特定的宽光谱彩光，直接照射于皮肤表面，它可以穿透至皮肤深层，选择性作用于皮下色素或血管，分解色斑，闭合异常的红血丝，解除肌肤上的各种瑕疵，同时还能刺激皮下胶原蛋白增生，让肌肤变得清爽、年轻、健康、有光泽。

光子嫩肤技术是一种非剥脱的物理疗法，具有高度的方向性，很高的密度和连贯性。彩光可被聚集到很小的治疗部位，因而其作用部位准确，不会对周围组织和皮肤附属器官造成损伤；同时，光子嫩肤非介入的治疗方法适用不同的皮肤状态，安全有效，不会对皮肤造成损害。

光子嫩肤技术弥补了激光治疗的不足，它采用全光谱光线，使皮肤可以有选择地吸收七色光谱，对正常肌肤组织不会造成伤害，一次性同时治疗整个面部的瑕疵，每次治疗后可以立即恢复正常生活和工作，是目前理想的科学美容方法。

光子嫩肤的特点是治疗过程简单，治疗后可以马上洗脸化妆，不影响正常工作，是目前最安全的医疗美白方法。它不仅可以美白，还可以同时改变皮肤光老化引起的细小皱纹、多种色斑、面部红血丝、毛孔粗大等症状，所以可以一举多得。

辅助的方法

皮肤持久美白，需要从根本上抑制络氨酸酶的活性，从而减少黑色素的形成，补充左旋维生素C，配合美白针进行阶段性治疗，效果会更持久，也可结合激光类设备治疗的前后期使用。

注意事项

千万不要被文字和广告画面所误导！美白针并不是传统的肌肉注射，它是以液体点滴的形式进入人体，时间一般是40分钟到1个小时。打美白针就像打葡萄糖一样，如果点滴的速度调得太快，会让人头晕想吐。所以，如果你是打点滴容易晕的人，速度就要调慢一点，宁可时间拉长一点，也不要滴太快。时间拉长会有一些生理反应，比如想排尿，在成分未被身体吸收的情况下，好不容易打进去的美白成分会从尿液中流失。所以建议大家在打之前要先去排尿，如果打完之后还是很想排尿也要忍住，留点时间让身体吸收。

美白针通常在注射3天后就可以渐渐看到美白效果。注射频率、疗程需要听取医生的建议，根据个人体质、需要美白的程度、状况来制定最适合的注射方案，一般是一周一次，一个疗程后，就看到全身性的美白效果。

并不是所有人都适合美白针，孕妇以及患有严重的心肾疾病的人不适合美白针，因为美白针中有一些成分会加速代谢。

停止注射美白针后，为了避免皮肤回到原来的样子，一定要注意每天对皮肤进行保养，很多人皮肤黑主要原因还是个人体质问题，所以后期的护理尤为重要。

相关
知识

1 专业的美白修复

如果可能的话，尽量每周或十天到美容院做一次常规护理，在美容师指导下选择适合自己肤质的疗程，进行美白和保湿特别护理。或者使用周护理产品和美白精华素及精油修护系列，请美容师为你操作并按摩，效果可能胜过平时在家里一个月的成绩！

2 持续使用美白面膜

为摆脱晒后的色素沉积，并在短时间内使肌肤净白改观，需要让日常护理与加强护理双管齐下。

3 饮食调节

维生素C是一种抗氧化剂，可抑制氧化，阻止色素沉积；维生素B_6具有褪除黑色素斑痕的作用，富含维生素B_6的食物有鸡肉、瘦猪肉、蛋黄、鱼、虾、花生、大豆及其制品等。

4 保持胶原

胶原蛋白(collagen)是皮肤的主要成分，皮肤中胶原蛋白占72%，真皮中80%是胶原蛋白，胶原蛋白在皮肤中构成了一张细密的弹力网，锁住水分，如支架般支撑着皮肤。女性在20岁时胶原蛋白已经开始老化、流失，含量逐年下降，25岁则进入流失的高峰期，40岁时，含量不到18岁时的一半。

06 皮肤上的小东西

Pi fu shang de xiao dong xi

{ 基本症状及原因 }

(一) 疣

　　疣是由人类乳头瘤病毒（HPV）所引起的。以往认为这些疾病是慢性良性疾病，后来发现HPV感染后有一部分会导致恶性肿瘤，如皮肤癌、舌癌和宫颈癌等，因而引起人们的重视。疣，是以细胞增生反应为主的一类皮肤浅表性良性赘生物。受到感染后，约潜伏四个月发病。多见于青少年。

中医学认为，本病系阴血不足，肝失荣养，气血不和，血枯生燥，筋气外发于肌肤，或风毒之邪侵袭，阻于经络，凝聚肌肤而成。

现代医学认为，疣为病毒性皮肤病，寻常疣、扁平疣、尖锐湿疣均由乳头瘤病毒引起，三者都有表皮角化过度，棘层肥厚，皮突延长等病理改变。传染性软疣是由传染性软疣病毒（属痘类病毒）引起，表皮细胞内含有软化疣小体和发生变性是其特征。

疣通过传染性软疣病毒直接接触传染，起初为米粒大的半球状丘疹，后渐增至豌豆大，中心微凹，表面有蜡样光泽，呈灰白色或珍珠色。将顶端挑破后，可挤出白色豆腐渣样物质。丘疹数目不定，好发于躯干、四肢、阴囊等处，自觉瘙痒，发展缓慢，愈合后不留疤痕。本病多采用局部治疗。局部消毒后，用消毒小镊子将软疣夹破，挤出豆腐渣样物质，然后用2%碘酒涂点，一般一次即可，如皮丘较多，可分批治疗。也可用激光治疗，但是不能根治。

解决方案

1 局部药物治疗

用药前，局部涂以1%的丁卡因，行表面麻醉以减轻疼痛。①33%～50%三氯醋酸外涂，每周1次，一般1～3次后病灶可消退。②1%酞丁安膏涂擦，每日3～5次，4～6周可望痊愈。此法刺激性小，被广泛应用。③10%～25%足叶草脂涂于病灶，本药具有细胞毒性，能抑制细胞分裂的M期，刺激性大，注意不要涂到正常皮肤处，不能用于阴道及宫颈，涂药后2～4小时洗去，每周1次，可连用3～4次。④5%氟尿嘧啶软膏外用，每日1次，10～14日为1疗程，一般应用1～2个疗程。

2 物理或手术治疗

物理治疗方法有微波、激光、冷冻。微波在疣体基底部凝固，因其为接触性治疗，可适用于任何部位尖锐湿疣。激光适用于任何部位疣及难治疗、体积大、多发的疣。冷冻适用于疣体较小及病灶较局限者。巨型尖锐湿疣可用微波刀或手术切除。

3 干扰素

干扰素具有抗病毒、抗增殖及调节免疫作用。可表现为限制HPV病毒的复制；减慢病变部位中细胞的分裂速度；增强宿主对感染HPV的防御反应。常用基因工程重组干扰素（YIFN）a～2a，剂量100万u，隔日肌注1次，连续3～4周为一疗程，也可采用病灶基底部局部注射。干扰素一般不单独使用，多作为辅助用药。对反复发作的顽固性尖锐湿疣应及时取活检排除恶变。

(二) 痤疮

痤疮是医学正规病名，俗话叫粉刺、暗疮、青春痘，多出现于面、颈、胸、背、臀部等皮脂腺粗大且分泌旺盛的部位。一般分三种类型：

未发炎型痤疮——也叫粉刺，它起始为小米粒样的凸起，数天成熟后形成白头或黑头，挤之可出黄白色粉米样脂栓，属于轻度痤疮。

发炎型痤疮——粉刺感染痤疮棒状杆菌、葡萄球菌、卵圆形糠秕孢子菌、螨虫等微生物后，就会发炎，出现红肿化脓，形成较重的脓疱型痤疮。

聚合型痤疮——发炎型痤疮如果不积极治疗，体内湿热毒气不能及时排出，加之面肤不洁，用手挤摸抠捏，细菌就会像蚂蚁一样在皮肤深层攻窜肆虐，导致痤疮此起彼伏，长久不愈，面肤出现硬结、囊肿、窦道、红斑、疤痕等损害，形成重度聚合型痤疮。

以下几种不属于痤疮，需注意辨别：

（1）颜面播散性粟粒性狼疮

面部为粟粒至豌豆大的小结节，呈半透明红褐色或褐色，触之柔软，中央有坏死，玻片压诊可见淡黄色或褐黄色半透明小斑点。治疗后要注意愈后往往留有色素性萎缩性疤痕。

（2）化学物质所致的痤疮样皮损

常见于经常与矿物油、沥青、焦油等工业原料接触者，主要发生在面部、手背、前臂、肘、膝等暴露部位，为密集的痤疮样丘疹及毛囊角化。同工种工人常出现同样的症状，这些皮损因类似痤疮而易于混淆。

（3）药物性痤疮

服用皮质激素、溴剂、碘剂等药物后，可有痤疮样皮疹发生于面、躯干部，无黑头粉刺，炎症反应较重，发病年龄不限。

解决
方案

推荐使用甘草萃取物（防敏、止痒、消炎），以及左旋维生素C和维生素E精纯液（消炎、增加免疫力），将以上产品适量均匀涂抹于患处即可。

注意事项

1.每天都要用有卸妆功能（不管有没有化妆）并且去油能力强的中性洗面乳、洗面皂清洁，一天最少两次。洗完脸可用收敛型化妆水或清爽型的柔软水擦拭，每周使用一次去角质清洁面膜来清洁。

2.对于皮脂腺分泌较旺盛的油性皮肤，需避免按摩，以免刺激油脂分泌，更容易长痘痘。

3.皮肤较油性的人不仅要勤洗脸，还要勤洗头，因为头皮的油性也容易造成发根与脸部相接处冒出痘痘。

4.若外出或进行户外运动，回到家中一定要彻底清洁皮肤，保持脸部清洁、干爽。

5.如果脸上已有青春痘，就要避免使用粉底等化妆品，有的人想以粉底来掩饰，这样反而会造成痘痘越长越多。

6.没事不要用手去碰你的脸，因为手上不但容易携带细菌，还会因为触碰而刺激产生青春痘。

7.饮食尽量清淡，勿食辛辣口味的食物，不酗酒不抽烟，不要任意吃补品，因为很多中药如黄芪、肉桂、枸杞或是女性常用来调经的四物汤也是容易诱发青春痘的。

8.养成每日排便的习惯，多运动，保证作息正常，或是多喝优酪乳来改变肠道的益生菌状态。

9.睡眠一定要充足，放松心情，避免肝火上升，荷尔蒙失调。

10.多喝水，多吃蔬菜和水果，也是个很好的美容方法。

相关知识

1 青春痘受哪些因素的影响？

（1）内分泌：月经前后是青春痘的高发期，是因为这个时期雌激素水平低，而孕激素和雄激素水平相对高，从而刺激皮脂分泌；

（2）食物：如花生、巧克力、油炸食物等对某些病人有恶化影响；

（3）情绪：如紧张、焦虑、睡眠不足会导致情绪恶化；

（4）气候：日晒、湿度过高会使有些病人病情恶化；

（5）化学药品：如口服或外用副肾皮质荷尔蒙，某些化妆品、工业用油、多氯联苯、某些抗结核药等，都可能引起青春痘。

2 治疗痤疮遵循的原则是什么？

（1）痤疮是青春期年龄段的疾病，经过一段时间便可以自愈；

（2）痤疮治疗要辨证施治，基本上分非炎性抗角化治疗与炎症性抗细菌、抗感染治疗；

（3）痤疮多长在青少年最关注的面部，原则只能治愈，避免因治疗不当而造成疤痕；

（4）美容化妆品有清洁、护肤、营养皮肤的作用；

（5）治疗痤疮既要治病，还要对病人进行心理治疗；

（6）对痤疮造成的毁容性疤痕（包括凹陷性疤痕或肥大性疤痕）的治疗，一定要慎之又慎。

红血丝
Hong xue si

{ 基本症状及原因 }

　　脸上的红血丝是面部毛细血管扩张性能差、角质层受损或一部分毛细血管位置表浅引起的面部现象，一丝丝纵横交错，如蜘蛛网般分散性分布，严重者会连成片状，变成红脸。这种皮肤薄而敏感，过冷、过热、情绪激动、温度突然变化时脸色会更红。红血丝患者面部看上去比一般正常肤色红，有的仅仅是两侧颧部发红，边界呈圆形。严重者还会形成沉积性色斑，难以治愈，不仅影响外表的美丽，还会给心理造成阴影，给正常生活带来极大的不便。

红血丝在民间有很多趣称，在陕西被称为"此地红"，在甘肃被称为"红二团"，在西藏被称为"高原红"，这种在夏天两颊通红灼热，冬天青紫紧绷的皮肤，无论是本人还是看到的人，都会感到很不舒服。而在美容界，如何根除红血丝，一直是个无法解决的难题。这些人即便只是轻微的运动，或者情绪稍一激动就容易出现红脸。有时候进食一些刺激性或热量高的食物，面颊也会明显地红起来。有的人还会出现轻微的瘙痒、刺痛的感觉，十分影响美观。

　　面部红血丝的形成原因比较复杂，可大体分为先天性的和后天性的两类：先天性的包括先天性面部毛细血管扩张症、面部痣性毛细血管扩张等。这种人的红脸通常从小就开始了；后天获得性的发病原因比较复杂。造成血管扩张的外因可能为长期使用药物、A酸、果酸、焕肤导致皮肤受损、变薄、脆弱而造成，或外力、不当挤压所引起。很多人鼻翼、鼻沟的地方都有毛细血管变形的现象，这都是不当挤压粉刺及青春痘的结果。另外，螨虫之类的寄生虫由毛囊进入真皮下，一段时间后也会对皮肤造成严重损伤而引起局部"红脸"。

解决方案

　　可用染料激光、Long pulse的Nd：YaG 激光治疗或M22王者之心激光治疗。以下是王者之心的治疗对比图：

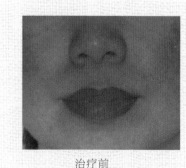
治疗前

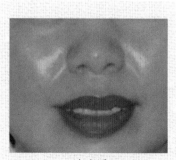
治疗后

辅助的方法

1.干性偏薄肤质产生的红血丝问题

强调保湿、增强肌肤免疫力，给皮肤创造良好的修复环境，长期坚持使用维生素类产品、高浓度玻尿酸或神经酰胺类产品并做好防晒。红血丝问题严重时需要配合激光治疗。

2.使用化妆品不当或使用含有激素类的产品造成的红血丝问题

此类红血丝应属激素依赖性皮炎，需要在医生的专业指导下，系统地进行摆脱激素后遗症，调整紊乱的免疫应答，修复受损的皮脂膜屏障，养厚皮肤的角质层，消除炎症，使皮肤从根本上恢复到健康皮肤状态，彻底解决敏感问题。

Focus

注意事项

1.加强皮肤锻炼，经常用冷水洗脸，增加皮肤的耐受力。

2.尽量不使用含重金属的化妆品，避免色素沉积，毒素残留表皮。

3.经常轻轻按摩红血丝部位，促进血液流动，有助于增强毛细血管弹性。

4.避免从冷的地方突然到热的地方，或者从热的地方突然到冷的地方，引起红血丝加重。

5.红血丝严重时可以用冷敷，以减轻脸部发热、肿胀。

毛细血管扩张症和红血丝看起来很像，但是二者也有明显的区别。首先，毛细血管扩张症范围较小、症状较轻的时候，属于正常范围。但是红血丝只要出现，就证明已经出现了皮肤问题，需要尽快处理。其次，毛细血管扩张症会有明显的灼热感和刺痛感，但是红血丝不会出现明显的感觉。最后，引起红血丝的原因，要比毛细血管扩张症更复杂。毛细血管扩张症的原因就比较单一，一般都是皮肤角质层薄而且比较敏感，在受到外部刺激之后形成的。

而引发红血丝的原因，包括毛细血管扩张性能差、角质层受损或一部分毛细血管位置表浅等。综上所述我们可以总结出二者的几点明显区别，A：致病原因不同。红血丝是对外界刺激敏感；毛细血管扩张症是因为过敏体质，引起的对过敏原过敏。B：表现症状不同。红血丝的症状为单纯的脸上出现网状或者成片的红，并无发痒、肿以及脱皮等症状；而毛细血管扩张症除了面部发红之外，却会出现发痒、红肿、脱皮等伴随症状。

08 酒渣鼻

Jiu zha bi

{ 基本症状及原因 }

酒渣鼻俗称红鼻子，在医学上还有一个名字叫做玫瑰痤疮，主要是鼻外的慢性皮肤损害，损害呈对称分布，见于鼻部、两颊、眉间、颏部、鼻尖及鼻翼发生痤疮、皮肤充血、表面不平，似酒渣附着故得其名。本病多见于中年人，其中男性患者较多，病情也较重。

目前认为酒渣鼻主要与毛囊形螨虫感染有关。此外，由"美国国家红斑痤疮协会"最近进行的一项研究显示，酒渣鼻的主要诱发因素还包括：日晒、情绪紧张、酷热天气、风吹、身体锻炼、酒精、热水浴、寒冷天气、辛味食物、潮湿、室内闷热、护肤产品和热饮料等。

酒渣鼻主要是以鼻面部出现红斑、丘疹、脓疱、日久生有鼻赘为主。起初以鼻为中心的颜面中部发生红斑，尤以进食辛辣、热食或精神紧张时更为明显。日久不退，伴有毛细血管扩张，呈细丝网状，形如树枝，以鼻尖、鼻翼处最明显。病情继续发展时，于红斑之中出现成批痤疮样皮疹、脓疱，可伴少许渗出，上结黄痂，或生脓疱，鼻端可有绿豆大小的结节。此时毛细血管扩张更为明显，纵横交错如网，毛囊口扩大，呈橘皮状，但无粉刺形成。患病时间久了，鼻端的结节增大，往往数个聚积，呈瘤状突起，表面凹凸不平，形成鼻赘，这种情况按其发展过程可分为三期：

1.红斑期： 初期为暂时性红斑，在进食刺激性食物后或情绪激动时红斑更为明显，日久红斑持续不退，毛细血管呈树枝状扩张。

2.丘疹期： 在红斑基础上，可出现丘疹或脓疱，出现小结节。

3.鼻赘期： 鼻部可出现多个结节，互相融合，表面凹凸不平，鼻部肥大，毛孔明显扩大，毛细血管显著扩张，纵横交错，形成鼻赘。这种较为少见。

解决
方案

1 维生素配合激光治疗

取维生素K₁和维生素E，有增加和维持治疗的效果，适量涂抹于患处。

2 取穴：肺俞、胃俞、大椎、患部

采用刺络拔罐法，或用梅花针刺叩刺拔罐法。前3穴用三棱针点刺或梅花针叩刺，至皮肤发红，微出血为度，然后拔罐15～30分钟，隔日1次，10次为1疗程。

患部刺后不拔罐，用生大黄、净芒硝各30克，共研细末。每取10克，用鸡蛋清调成糊状外涂患部。日涂数次。

如果每日按摩患部10分钟，则效果更佳。

注意事项

1.忌食辛辣、酒类等辛热刺激物。中医认为，酒渣鼻是因饮食不节，肺胃积热上蒸，外感风邪，血瘀凝结所致。饮食上应避免促使面部皮肤发红的食物，如辣椒、芥末、生葱、生蒜、酒、咖啡等刺激性食物；少吃油腻食物，如动物油、肥肉、油炸食品、糕点等，以减少皮脂的分泌。多吃些富含维生素B₆、维生素B₂及维生素A的食物和新鲜水果、蔬菜。此外，可口服V₆、甲硝唑，每日2～3次，直至症状完全消失。

2.平时经常用温水洗漱，同时不要用碱性肥皂。

3.保持大便通畅。肺与大肠相为表里，大便不通，肺火更旺。

4.不宜在高温、湿热的环境中长期生活或工作。

5.禁止在鼻子病变区抓、搔、剥及挤压。

6.禁用刺激性的化妆品。

7.每次敷药前，先用温水洗脸，洗后用干毛巾吸干水迹。

8.螨虫感染虽是发病的重要因素，但不能单纯使用杀螨药物，可外用满速清，避免症状加重，更有效地祛除酒渣鼻。

目前大多数学者认为螨虫感染是发病的重要因素，但不是唯一的因素。嗜酒、辛辣食物、高温及寒冷刺激、消化、内分泌障碍等也可促发本病。

相关知识

1.痤疮：主要见于青春期，皮损除侵犯面部以外，胸部、背部也常受侵犯，有典型的黑头粉刺，鼻部常不受侵犯。

2.颜面湿疹：皮损为多形性、剧烈瘙痒，无毛细血管和毛囊口扩张现象，颜面以外的部位也常有湿疹损害。

3.盘状红斑狼疮：为界限清楚的桃红或鲜红色斑，中央凹陷萎缩，有毛囊角栓，表面常覆有黏着性钉板样鳞屑，皮损常呈蝴蝶状分布。

4.脂溢性皮炎：青春期男女有的皮脂分泌旺盛，眼部尤为明显，毛囊口常扩大，易挤出白色线状皮脂。

在进食热饮或冷风刺激后，鼻端部常出现充血性红斑，但为暂时性。无毛细血管扩张及丘疹、脓疱等。

5.口周皮炎：多发于青年或中年妇女。于口的周围皮肤包括鼻唇沟、颊、额等处反复发生淡红色小丘疹、丘疱疹、脓疱等，但口唇周围有一狭窄皮肤带不受侵犯。有人认为口周皮炎是不典型的酒渣鼻。

6.长期使用皮质类激素膏导致的皮肤问题：皮质类固醇激素所致毛细血管扩张见于面部，长期使用此类激素膏如皮炎平软膏等患者，面部有毛细血管扩张、表皮萎缩、弥漫性红斑及多毛等。

09 痘坑

Dou keng

{ 基本症状及原因 }

痘坑最主要表现在面部毛孔周围，不仔细观察并不明显，从近处可以看出来，形状和橘子皮一样，毛孔粗大，每个毛孔一个坑，但坑比较小。

解决
方案

① 像素激光（LED蓝光）

通过把一束激光分成近百束，每一细小光束的激光能量大为减弱，刚好能够穿透皮肤的表浅层（角质层和表皮层）达到真皮层，这些细小光束可以刺激真皮组织中的胶原蛋白和弹性纤维的增生，这些增生组织拉动表皮使之绷紧，使皮肤的皱纹减少，皮肤弹性增强，达到"皮肤表面重建"的效果。

像素激光（LED蓝光）治疗痘坑的临床机制是"微创伤修复"理论。我们知道，皮肤组织具有创伤的自我修复能力，当皮肤遭到外伤损害后，皮肤能够自我愈合修复。当创伤面积过大，修复的结果是疤痕产生。当创伤很小时，皮肤能够完全恢复。像素激光每一微小光束对皮肤组织来说都是一个微创伤，这种微创伤足以启动皮肤组织的再生修复功能，但由于创伤极其微小，不会形成疤痕。

像素激光治疗痘坑效果显著。

② E～Matrix像素激光

在每一次的治疗中，采用的是红外线波长的光加上射频作用，由于射频能量不被皮肤黑色素吸收，两个能量结合可以有效地刺激皮肤，还可以穿透到深层的真皮层。由于其治疗部位较深，可以修复较深的凹陷型瘢痕，还能磨平水痘及青春痘残留下来的疤痕，特别是痤疮引起的小凹坑。

③ 果酸焕肤

使用高浓度的果酸进行皮肤角质的剥离，促使老化角质层脱落，加速角质细胞及少部分上层表皮细胞的更新速度，促进真皮层内弹性纤维增生，对较浅的凹洞性痘印有较好疗效，也能改善毛孔粗大，但需经多次疗程治疗后才能消除痘坑，优点是安全性高，副作用小。

4 填充法

对于较深的凹洞，可以用注射植入物（如胶原蛋白）的方法，使得凹陷部分隆起，从而与周围皮肤组织保持平整。

5 激光磨皮

这个方法适合较深的凹洞，可依据皮肤凹洞深浅来做磨皮手术，只要2～3次即可有不错的效果，而且效果较持久。不过由于激光磨皮伤口较大，需配合术后的保养，如果术后保养没做好，皮肤可能泛红、发黑。

6 微晶磨削

其实微晶磨削严格来说并不属于"磨皮"，反而比较倾向"焕肤"，它是借助物理性的方式去汰换皮肤较表浅的角质。有些女性或许会提出疑问，既然只是焕肤，使用果酸就能做到了，为什么要用微晶磨削呢？这是因为微晶磨削能更好地控制深度，使用起来既安全又不需要恢复期，所以有其不可取代的便利性，与一不小心就过度使用的果酸比起来，有很大优势。

辅助的方法

做好预防，尽量减少强力的挤压行为，建议配合微针或像素激光按疗程治疗，效果更好。

注意事项

1.在微晶磨削治疗过程中，难免有些人面部会略微水肿、局部发红，建议术后还是让肌肤有一段休息期较好，最好能加强防晒及保湿。

2.微晶磨削主要作用在脸上的T字部位及双颊，而眼皮及眼睛周围较细嫩的地方，则要避免使用。

3.微晶磨削治疗前若皮肤有伤口、面疱等，或是敏感性肤质，建议最好先不要进行治疗。

4.整个疗程需要4～6次，维持的时间看个人的肌肤状况而定，只要觉得有需要，即可进行治疗。

相关知识

现今有不少治疗方法都能改善皮肤凹凸不平的状况，皮肤薄或敏感性肤质，建议采用普通激光治疗。

如果想要一同治疗痘疤痘痕，建议做像素激光，普通激光效果有限，比较不推荐。

治疗时间：约40分钟
恢复天数：不需要恢复时间
复诊次数：不需要
失败风险：低
疼痛指数：★

黑头
Hei tou

{ **基本症状及原因** }

　　黑头粉刺又称黑头，为开放性粉刺（堵塞毛孔的皮脂表层直接暴露在外面，与空气、空气中的尘埃接触）。黑头粉刺常见于青春发育期的青少年，好发于面部、前胸和后背，其特征为明显扩大的毛孔中的黑点，挤出后形如小虫，顶端发黑。

　　黑头通常出现在颜面的额头、鼻子等部位，当油脂腺受到过分刺激，毛孔充满多余的油脂而造成阻塞时，在鼻头及其周围部分，经常会有油腻的感觉。

通常长痘痘和黑头的人皮肤都比较粗糙，毛孔也很大，有很多的油脂粒堵住张开的毛孔，还有皮肤里面有一个个硬硬的疙瘩，总是被反复诱发成痘痘，严重的更会有凹凸不平的状况。

这种皮肤的人通常耐酸性都比较强，比正常皮肤的pH值高出很多，有些竟达到6以上，这就是皮肤会出现以上所说的问题的关键所在。

解决方案

1 物理拔除黑头

这是一种物理解决方法，借助粘力将黑头从毛孔中拔出来。最常见的就是各种鼻贴，但是许多人在用鼻贴的时候粘不下什么东西，其实只要掌握一点小窍门就能拔出更多的黑头。洗澡或面部热敷后，角质软化，毛孔张开，趁皮肤还没有干燥的时候把粘湿的鼻贴贴上去（鼻贴不可以太湿），等到完全干透鼻贴开始发硬，再从下而上将鼻贴揭起，就会发现拔出好多黑头了。用完以后一定记得用有收敛效果的爽肤水收缩毛孔，或用冰水冷敷收缩。物理拔除黑头对皮肤有拉扯，会导致毛孔口松弛变大，如果不及时收敛，黑头会更快出现，毛孔会变大。

2 深层清洁面膜

一般都具有去黑头的功能。因为深层清洁面膜一般能祛除老废角质层，这样堵在里面的油脂粒就能够比较畅通地排出来。而且一些深层清洁面膜含有高岭土、活性炭之类具有吸附功能的成分，也能将黑头吸附出皮肤表面。不过一次去黑头效果不够明显，对于严重的大粒黑头基本没什么用。

3 黑头导出液

市面上有一些黑头导出液，通过涂抹加熏蒸让黑头乳化变软容易从毛孔排出，用起来比较麻烦。许多美容院提供此项服务。其实利用洁颜油加按摩也能起到软化黑头、排出黑头的效果。但是原来传得很玄的婴儿油去黑头，其实基本是没用的，因为婴儿油分子太大。洁颜油一般都是用荷荷巴油做基底油，分子比较小能够渗透入毛孔，而且洁颜油能够加乳化，用完了只要洗掉就好了。如果是大粒的黑头需要多按摩一会，让它软化，再轻轻用粉刺棒挤出来。需要花比较长的时间，用完皮肤会发干。

4 挤黑头

挤压去黑头让人很有快感，一个个硬的油脂粒进出来的时候很痛快，但是挤得不好就会发炎，或者留下红印子。一般挤黑头都用粉刺针挑破皮再挤，为了让油脂粒容易出来，其实还可以通过先去角质，再敷化妆水的方法让毛孔通畅，角质变软后轻轻就能挤出黑头，有些小黑头还会自己浮出来；轻刮就能祛除。针刺、挤压容易发炎。

5 果酸祛黑头

果酸的种类非常多，早期主要采用甘醇酸，针对干燥肤质保湿有很好的效果。而现今常见的果酸焕肤则是将其浓度提高，除了维持肌肤含水量，还能使坏死的角质剥落，达到祛黑头的效果。

辅助的方法

去黑头建议结合使用"黑脸娃娃"仪器，以达到快速满意的效果。

相关
知识

1.黑头是因为没有彻底清洁肌肤才出现的？NO!黑头是油脂硬化阻塞物，出现的原因是由于皮肤中的油脂没有及时排出，时间久了油脂硬化阻塞毛孔而形成的。鼻子是最爱出油的部位，不及时清理，油脂混合着堆积的大量死皮细胞沉淀，就形成了黑头。所以，清除过剩油脂和控油是关键。

2.黑头的出现是个人肤质与外界环境因素共同结合造成的，任何年龄的人不认真护理肌肤，都有出现黑头的可能。

3.适度的挤压可以算是祛除黑头的方法之一，但是过分刺激反而使得肌肤的油脂腺加速分泌更多油脂，就像我们挤压一个油棕果一样，力度越大出油越多，而且挤压会给细嫩柔弱的肌肤带来更严重的伤害——毛孔粗大和疤痕。

4.众所周知，任何事物都有一个新陈代谢的周期，黑头也不例外。根除黑头要有耐心，已老化的黑头被清除几天后，新的黑头又生成了，注意配合日常护理，黑头才会被慢慢根治。

第四章 形形色色
的斑

CHAPTER *4*

01 太田痣
Tai tian zhi

{ 基本症状及原因 }

太田痣是1939年由太田首先描述的，所以称为太田痣，为发生在三叉神经支配区域的蓝灰色的胎记，又称为眼上颚部褐青色痣。太田痣的病因是由于胚胎发育的时候，黑色素细胞于11周左右从神经嵴向表皮移行的过程中，部分黑色素细胞掉队，停留在真皮层导致的，有一定的遗传因素。

太田痣一般发生于单侧面部的上下眼睑、颧骨位置以及颞部，偶尔也有双侧的太田痣。颜色可以是褐色、灰色、青色或黑色，呈斑状、网状或者比较均匀地分布。有一半的患者出生后即显现，另一半的患者在10岁左右才出现。这种痣不能自然消失，而且随着年龄增长面积扩大，到青春期后基本稳定。

解决方案

① Nd：YAG激光

　　根据选择性光热效应理论（即不同波长的激光可选择性地作用于不同颜色的皮肤），利用其强大的瞬间功率、高度集中的辐射能量及色素选择性、极短的脉宽，使激光能量集中作用于色素颗粒，将其直接汽化、击碎，并通过淋巴组织排出体外，不影响周围正常的组织。

② Q755纳米和1064纳米激光脉冲

　　激光的Q开关工作原理是控制光能量的输出，使其在纳秒的脉冲中释放所有能量，因此具有高的峰值功率输出。Q开关激光具有照相机快门一样的装置，能量在Q开关中蓄积，在开启开关时能量在一个激光脉冲中释放出来。

　　激光穿透皮肤，选择性地被色素颗粒吸收，色素被瞬间分解成细小颗粒，继而这些细小的色素颗粒被吞噬，清除色素性皮损。

辅助的方法

　　推荐与激光、像素类的器械协同治疗，并在治疗各种痣和斑的时候，做好防晒工作。同时，要求患者调整心态，避免因生气、压抑、愤怒、萎靡等情绪，而导致色素加深。

1.保持创面清洁干燥，外用抗生素软膏预防感染，一个星期左右创面痂皮脱落痊愈。新生的皮肤较娇嫩，应注意保养，避免在阳光下长时间照射，谨慎使用化妆品等。

2.治疗部位保持清洁，避免感染和摩擦。

3.治疗部位有痂皮的需自行脱落，不要用手揭掉，否则色素沉着严重，且易遗留疤痕。

4.痂皮脱落后，局部可有短暂色素沉着，为防止或减少此情况，可合理应用防晒祛斑用品。

相关知识

1.需与黄褐斑、咖啡斑、蒙古斑相区别。蒙古斑出生时即有，随年龄增长而消退，不累及眼部和黏膜。其在病理表现中，黑色素细胞在真皮层中位置较深。

2.黑色素胎记应尽早治疗，年龄越小，皮损相对较浅，新陈代谢旺盛，治疗次数相对较少。治疗需分次进行，一般需要2~4次治疗，每次治疗10~20分钟，治疗间隔为3~6个月。

雀斑

Que ban

{ 基本症状及原因 }

　　雀斑是发生于面颊部位的黑褐色斑点，该病属于染色体显性遗传，患者经常有家族史。一般在3~5岁出现，到青春期时加重，随着年龄增长有减淡的趋势。女性居多，好发于面部，特别是鼻和两颊部、颈部，严重者延伸到胳膊上。一旦长出，通常很难消退。色斑为针尖至米粒大，淡褐色到黑褐色斑点，数目不定，从稀疏的几个到密集成群的数百个。夏季日晒增多，色泽加深，冬季虽颜色变浅，但不会完全消失。

解决
方案

① 光子嫩肤

由于雀斑病损位于表皮内，医学美容上的治疗方法只能首先将表皮层的雀斑去掉，才能消除藏在皮内的雀斑。这就意味着，想要去掉雀斑，不可避免地要伤及正常的表皮。不要选择普通的激光治疗，因为治疗时雀斑色素颗粒和正常的皮肤同时受损，故会留下瘢痕。要选择既可以摧毁雀斑的色素颗粒，又对正常皮肤没有损伤的方法，建议考虑光子嫩肤的方法。

光子嫩肤术属于非剥脱性、非介入性光动力疗法，它特有的Ⅰ型治疗主要就是针对各种色斑的，它是利用病变皮肤中所含各种色素明显多于正常皮肤组织的特点进行的，利用选择性的光热解原理，在不破坏正常皮肤的前提下，用特定宽光谱的强脉冲光穿透表皮，对色素颗粒进行照射，色素颗粒和细胞在强光的照射下消失，而作用于皮肤组织的强脉冲光会产生光热作用和光化学作用，使肌肤深部的胶原纤维和弹力纤维重新排列组合，并恢复弹性，同时，还可以使血管弹性增强，循环改善。所以它的最大优点是不但能治疗雀斑，而且能使皮肤光洁美白，治疗后一般不会影响上下班，通常上午治疗后下午就能正常上下班了。一般做3~5次就能达到非常好的效果。同时配合使用光子嫩肤家居套装护理，有助于皮肤新陈代谢，巩固治疗效果。

② 激光淡斑

调Q755翠绿宝石激光，其波长为755纳米，脉宽100纳秒，光斑2.4毫米，以精准的激光波长、脉冲时间及能量，使激光透过皮肤的表皮和真皮，准确地击碎黑色素细胞的色素粒子，将其直接汽化或击碎，通过淋巴组织排出体外，可有效移除色斑且不会破坏周围的组织。这些被击

•144•

碎的黑色素再经由体内的巨噬细胞进行清除，最后达到淡化黑斑、移除色素，使皮肤恢复正常的目的。

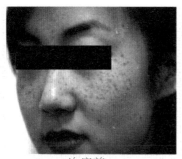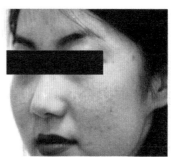

治疗前　　　　　　　　　　治疗后

辅助的方法

美白祛斑化妆品含有熊果苷、维生素C/维生素E及其衍生物、一些植物黄酮类及多酚类提取物、烟酰胺等美白成分，外用可使雀斑淡化。

1.少数患者治疗后有可能出现非常轻微的色素沉着，这种反应一般非常轻，不影响日常生活，而且能自行消退。

2.治疗时间持续较短，患者只会感到如被橡皮筋弹一般的刺痛。

3.治疗后5~7天表皮会逐渐愈合产生痂皮，期间不能沾水。

4.伤口的痂皮脱落后新生表皮通常会呈现桃红色，随着时间推移会慢慢变回原有肤色。

5.治疗后加强保湿与防晒工作。

1.需与雀斑样痣、日光雀斑样痣、颧部褐青色样痣相区别：雀斑样痣又称黑子，可发生于任何部位，为1～2毫米大小的褐色或黑色斑点。颜色比雀斑要深，数目较少，日晒后颜色不加深，数目不增多。病理表现为真表皮交界处黑色素细胞数目增多，但无痣细胞团；日光雀斑样痣又称老年性黑子，与长期日晒有关，是一种获得性黑子，发病很晚，随着年龄增长而增加。有一型为雀斑样型，可见于所有见光部位，颜色和数目并不随季节变化发生改变；颧部褐青色样痣为颧部散在的直径1～3毫米大小的褐色、灰色斑点，对称分布。多见于女性，发病较晚，一般大于10岁。可有家族史。

2.日光的暴晒或X射线、紫外线的照射过多皆可促发色斑，并使其加剧，甚至室内照明用的荧光灯也因激发紫外线而加重色斑，所以可以认为色斑是一种物理性损伤性皮肤病。

3.防止各种电离辐射。包括各种玻壳显示屏、荧光灯、X光机等。这些不良刺激均可产生类似强日光照射的后果，甚至比日光照射的损伤还要大，其结果是导致色斑加重。

4.禁用含有激素、铅、汞等有害物质的"速效祛斑霜"，因为副作用太多，严重的还可能会毁容。

5.戒掉不良习惯，如抽烟、喝酒、熬夜等。

6.多喝水、多吃蔬菜和水果，如西红柿、黄瓜、草莓、桃等。

7.注意休息和保证充足的睡眠。睡眠不足易致黑眼圈，皮肤变灰变黑。

8.保持良好的情绪。精神焕发则皮肤好，情绪不好则会有相反的作用。

9.避免刺激性的食物。刺激性食物易使皮肤老化，尤其是咖啡、可乐、浓茶、香烟、酒等。食用越多，老化会越快，引致黑色素分子浮在皮肤表面，使黑斑扩大及变黑。

03 太阳斑
Tai yang ban

{ 基本症状及原因 }

太阳斑也称晒斑，主要原因是日光紫外线过度照射，即阳光造成的光老化。其他光线，如荧屏射线等对皮肤的损害也可以出现晒斑。

形成晒斑的主要原因是日光紫外线过度照射，而长期使用含金属成分多的化妆品也会对皮肤造成一定的伤害，使皮肤的抵抗力下降，皮肤的代谢能力发生紊乱从而形成晒斑。一般肌肤在经受烈日暴晒后几个小时，晒伤受损的肌肤上会清晰呈现出红色的斑点。根据肤质情况及肌肤受损情况，斑点会呈现浅红色、大红色甚至深红色，并可能略有些突起，起初呈椭圆形，几日后变成零碎的棕色斑块。晒斑不仅仅出现在脸上，同时胳膊、大腿、背部露在外面的肌肤都可能出现晒斑问题。

解决
方案

为了肌肤健康，治疗晒斑要及时进行。由于某一波长的激光只被相应颜色的色素吸收，只有病变的细胞才吸收特定的激光。光子嫩肤祛晒斑是在极短时间内释放特定波长能量的光，穿透皮肤表皮层，直接作用于色素团，使其受热膨胀并发生爆裂，色素颗粒当即弹出体外，不损伤正常组织，当即还原肤色。

辅助的方法

1.第一种就是氢醌霜，搽两个星期就可以使皮肤恢复原貌，但是不要长期依赖这种化学药物，它并不能从根本上解决皮肤的问题，只能清除表皮的色素，而对真皮层的色素则无能为力。

2.全身性维生素C滴注，静脉注射3~5克，可以使黑色素由深变浅。一般需要滴20~30次才对晒斑起作用。

3.激光治疗间隔期，使用维生素C+熊果素（间隔3天做导入一次，夜间配合维生素B_3+熊果素涂在有斑和色沉的皮肤部位，强化效果）。

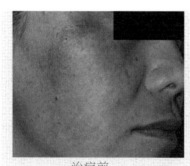
治疗前

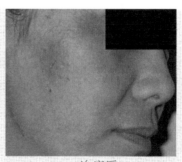
治疗后

误区之一：长斑初期，盲目祛斑。

很多女性在面部刚刚产生色斑，还不是很严重的时候，在没有专业人员的指导下，很随意地去使用具有祛斑功能的化妆品，自行祛斑。结果是斑越来越严重，治疗难度越来越大，耽误了祛斑的最好时机。其实色斑越在早期，治疗越容易，当然，要选用正确的祛斑方法，否则不仅没有解决问题，反而会加重色斑、增加治疗的时间和经济成本。

误区之二：祛斑不分肤质。

皮肤一般分为敏感性肌肤、干性肌肤、油性肌肤、中性肌肤等，每种类型的肌肤都可能出现长斑的现象，每种肌肤产生斑的原因和治疗方法都不同。同样一瓶霜，油性肌肤的人在用，干性肌肤的人在用，更甚者敏感性肌肤的人也在用，这样就会出现严重的皮肤过敏现象，造成色斑复发加重，所以祛斑一定要分肤质才能达到治疗效果。

误区之三：只顾效果不顾后果。

不少患者对祛斑怀有一种急切的心情，总是希望一天两天就让自己的面部光嫩如初。正是这种急功近利的心理，使得不少人选择了"见效快"的剥脱祛斑法或短期漂白肌肤祛斑，看起来好像是立竿见影，其实皮肤表层正遭到严重损害，自身免疫力大大减弱，经太阳一晒，很容易转化为晒斑、真皮斑等更顽固的色斑。更为后期治疗增添难度。

误区之四：认为色斑不可治。

许多在美容院有过多次祛斑经历的人对祛斑失去了信心。其实，色斑当然是可以治愈的，只有针对不同肤质，根据色斑产生的不同原因，提出有针对性的祛斑方案，才能达到美白效果最大化。

相关
知识

1.丝瓜晒干，研为细末，每晚用水调和后涂面，次晨用温水洗去。若用蜂蜜调涂，还可去面部皱纹。这种方法有一定祛斑效果。丝瓜中含有多种维生素，有较强的漂白效果，尤其是磷、钙、铁的含量较丰富，还含有木糖胶和植物黏液等，这些物质对皮肤都有好处。长期使用，可使皮肤细腻白皙。不过，需要注意的是，加蜂蜜后不宜过夜，20分钟后需清洗干净。

2.柠檬30克，研碎，加入硼砂末、白砂糖各15克，拌匀后入瓶封存，3日后启用。每天早晚取少许冲温水适量，涂抹长斑处约3分钟，坚持一段时间后斑可隐退。无斑者也可使用，用后皮肤红润娇嫩。柠檬中含有丰富的维生素C，还含有钙、磷、铁和B族维生素等，可使皮肤白嫩，防止皮肤血管老化、消除面部色素斑。敏感皮肤者慎用。

咖啡斑
Ka fei ban

{ 基本症状及原因 }

　　咖啡斑又称咖啡牛奶斑,是出生时即可发现的淡棕色的斑块,色泽自淡棕至深棕色不等,但每一片的颜色相同且十分均匀,深浅不受日晒的影响,大小自数毫米至数十厘米不等,边界清晰,表面皮肤质地完全正常。在显微镜下观察,其表现与雀斑十分相似,主要表现为表皮中的黑色素数量的异常增多。

咖啡斑为淡褐色、棕褐色至暗褐色斑，大小不一，圆形、卵圆形或形状不规则，边界清楚，表面光滑。可在出生时或稍后出现，并在整个儿童时期数目增加。多见于躯干部，不会自行消退。有人认为，90%神经纤维瘤病患者具有咖啡斑，若有6片直径大于1.5cm的咖啡斑，则患者常有神经纤维瘤病。不同疾病中出现的咖啡斑可有不同特点并伴随有其他异常表现。

解决方案

1 Nd：YAG激光祛斑

选用Q开关多波长的激光器或用Q开关双波长的Nd：YAG激光治疗，效果较好，但需要数次，每次间隔2.5~3个月。

2 C3激光祛斑

可以采用C3激光，波长532纳米，成功率50%。如果3次以后没有效果，基本就不建议治疗。原则是颜色深的效果好，颜色浅的效果不好。后期同样需要防晒保湿，用美白针、修复肽等促进恢复。

辅助的方法

1.祛除咖啡斑后，尤其是激光祛除咖啡斑后，因为皮肤比较细嫩要预防日晒。外出要涂防晒指数SPF30~50的防晒霜，严禁使用阿司匹林和酒精(包括含有酒精的化妆品)，切不可挤、压、碰、摩擦治疗面。祛除咖啡斑期间禁食感光性食品(如芹菜、韭菜、香菜等)和感光性药品。敏感性皮肤禁食会引起皮肤过敏的食品。

2.祛除咖啡斑后因为皮肤的吸收能力增强，新陈代谢加快，部分患者可能出现皮肤干燥缺水的情况，所以术后须进行皮肤护理来补充足够的水分和营养。部分患者可能会出现局部红肿，一般会在24~72小时自行消失，无须治疗。极少数患者可能出现结痂和紫癜，2周内自行脱落和消失，期间请保持创面的干燥、清洁。

注意事项

1.激光祛咖啡斑治疗部位应保持清洁，避免感染和摩擦。

2.治疗部位会有轻微的灼热感和皮肤轻微的发红现象，此属正常反应。必要时可做20～30分钟的局部冷敷以缓解或消除。

3.治疗部位有痂皮的，7～10天会自行脱落，不要用手揭掉，否则色素沉着严重，且易遗留疤痕。

4.痂皮脱落后，局部会有短暂色素沉着，为防止或减少此情况，可合理应用防晒祛斑用品。

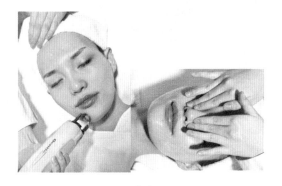

相关知识

因发病年龄及特征明显不同，边缘清楚的咖啡牛奶斑很快即可确诊，但仍要注意与雀斑及单纯性雀斑样痣的区别。

雀斑主要发于面部，斑点小，无大的片状损害，一在3～5岁出现；单纯性雀斑样痣多分为单侧分布，可发生于任何年龄。

05 老年斑

Lao nian ban

{ 基本症状及原因 }

　　全称为"老年性色素斑"，医学上又被称为脂溢性角化。有些人的老年斑突出于皮肤表面，又叫老年疣。老年斑其实并不可怕，但与黑色素瘤容易混淆，如果是黑色素瘤，色素就有恶变的可能，恶变的征兆一般是突然增大或扩散出小的卫星状的斑，这时就应该马上到综合性医院治疗。

解决
方案

① 复合彩光嫩肤治疗

治疗前彻底清洁皮肤，卸除表面的化妆品和防晒霜。根据求美者的皮肤类型和问题皮肤选择相应的治疗方法和治疗区域，并调整好治疗的各种参数。

在皮肤表面涂上薄薄的一层冷凝胶，这样可以降低表皮温度，同时可使脉冲光更好地穿透皮肤。每次治疗时间为20～30分钟，根据具体情况而定；治疗结束后将冷凝胶轻轻擦去，建议立刻冰敷治疗部位至少半个小时。每次治疗间隔一个月左右，只要坚持4～6次，那种让人羡慕的水嫩嫩的光滑肌肤就会重新光临你的脸庞。

② Medlite C3激光治疗仪的532纳米波长治疗

不用局部麻醉，在数分钟至数十分钟内完成一次治疗，操作十分简便，每次治疗间隔2～3个月。治疗中，患者及操作者需要保护眼睛，术后创面敷以抗菌软膏，4～6天炎症消退。532纳米波长的激光对老年斑有着非常明显的效果，较浅的老年斑可以一次治愈，较深的老年斑一般也就3次左右，且没有任何副作用，不留疤痕，无皮肤质地的改变。

③ 铒激光治疗

首先擦洗治疗部位、消毒，然后用激光作用于有斑的皮肤，传输的能量会在瞬间使组织里的水分汽化，同时带走老化的皮肤组织，而不伤及周围健康的组织。在治疗的同时会刺激新的胶原层产生，令皮肤恢复弹性。个别对疼痛敏感的人，可局部使用麻醉剂。水分汽化后可见干净的皮肤组织。治疗过程中无出血，能保全健康的正常组织。治疗后在治疗部位涂抹消炎药膏，3个月后复诊。

注意事项

1.日常生活中应注意少吃辛辣食物及其他刺激性食物。

2.尽量避免日光照射。

3.保持脸部皮肤干净。

4.戒掉不良习惯，如抽烟、喝酒、熬夜等。

5.多喝水、多吃蔬菜和水果。

相关知识

进入老年以后，细胞代谢机能减退，体内脂肪容易发生氧化，产生老年色素。这种色素不能排出体外，于是沉积在细胞体上，从而形成老年斑。

1.对抗老年斑，一般以预防为主。预防老年斑，首先就要少晒太阳，避免长时间日光暴晒和异常刺激，还可采用防晒霜防晒，减少对脸部皮肤的刺激。

2.要在吃上把好关，调整饮食中的脂肪含量，使脂肪的摄入量占人体总热量的25%～50%较为适宜。可以适当食用一些抗衰老的食品，如银耳、山楂等，对抑制和消除老年斑都有一定效果。

3.维生素E能阻止脂褐质生成，并有清除自由基与延长寿命的功效，还可多吃含维生素E丰富的食物，如谷类、豆类、深绿色植物以及肝、蛋和乳制品等动物性食物，这样坚持下去对老年斑的预防一定有成效。

06 肝斑

Gan ban

{ 基本症状及原因 }

　　肝斑呈灰褐色，属于面部的色素沉着斑，形状不规则、对称分布、大小不定，颜色深浅不一。主要分布在眼睛周围、面颊部、颧部口周处。呈慢性发展，无明显自觉症状。病情有一定的季节性，夏重冬轻。色素区域平均光密度值大于自身面部平均光密度值的20%以上。肝斑形成的病因目前尚未完全明了，一般认为与内分泌改变（如妊娠）、某些药物（如口服避孕药）、慢性疾病及外界刺激有关。

解决
方案

① 调QNd3+:YAG双波长脉冲激光

Q开关使激光瞬间（几个纳秒）发射出高功率、高能量密度的激光束，当其照射在病变区时，对色素组织形成局部的冲击波，即"爆破效应"，将色素击碎成微粒，随后由巨噬细胞清除出体外。这种方法快速无痛苦，不留疤痕。这一机理在激光医学上又称为"选择性激光破坏"。

② 美速丽肤淡斑

③ 中药调理

中医学认为，郁久化热，灼伤阴血，致使颜面气血失和而发病。可疏肝解郁、释放心情、活血消斑（调理肝经、心包经、胆经、三焦经，经常刺激太冲、阳陵泉、瞳子髎、丝竹空，面部刮痧）。中药配方（请在医生的指导下服用）：当归12克、柴胡12克、白芍12克、白术12克、茯苓12克、青皮9克、红花9克、丹参9克、甘草6克（五服为一个疗程，三碗煎成一碗，每天两次）。中成药：逍遥散、舒肝丸、柴胡疏肝散。

④ 饮食改善

多吃番茄、黄鳝、猴头菇、西蓝花，用橘皮、柚子皮泡水喝。

⑤ 自制面膜

取肉桂粉、生姜汁、蜂蜜混合，敷在长斑处。

注意事项

1.治疗前的注意事项：

（1）接受治疗前三周尽量避免日晒，以免影响治疗效果；

（2）接受治疗前一周内，避免服用阿司匹林之类的药物，以防流血。

2.治疗后的注意事项：

（1）小面积治疗后可有轻度红肿，结淡褐色的痂，要注意创面保护，清洁时可用些润滑性药物，禁止早期去痂，让其自行脱落；

（2）大面积治疗时眼睛周围会出现肿胀，三五天自行消失；

（3）短期内可能出现色素改变，数月后会消失；

（4）治疗2周内，原则上不宜擦洗；

（5）术后约半个月进行专用面膜治疗；

（6）治疗部位对阳光较敏感，所以治疗后三个月内应避免日晒，如有必要，宜使用防晒药水。

3.需要引起注意的两种情况：

（1）患者为瘢痕体质者，有可能留下难看的瘢痕，做激光治疗要慎重，一旦出现问题，要积极地到医生那里寻求帮助；

（2）患者的色素沉着斑等，如果是由于内分泌因素所致，激光祛除后有可能"死灰复燃"，这种病人需要结合其他治疗，调整内分泌紊乱，使用褪色药物，服用较大剂量的维生素C，日常多吃水果等。过一段时间，皮肤组织多数可恢复到正常，表浅瘢痕可平复，色素斑消退。但对于一些较深、面积又较大的斑、痣，激光治疗后有可能留下瘢痕或色素沉着，这些都是爱美人士在做激光治疗前要慎重考虑的。

4.禁忌症：

皮肤癌患者、与黑色素瘤有关的皮肤病变（如发育异常的黑痣）、疤痕体质、皮肤急性病变、光敏性皮肤或正在服用光敏性药物、凝血功能障或正在服用抗凝剂、免疫缺陷者、心理障碍者和孕妇。

07 黄褐斑
Huang he ban

{ **基本症状及原因** }

　　1.黄褐斑是面部常见的色素性疾病，表现为淡褐色或黄褐色的斑，边界较清晰，形状不规则，对称分布于眼眶附近、额部、眉弓、鼻部、两颊及口周等处，无自觉症状及全身不适。

　　2.在亚洲人群中，黄褐斑可累及40%的女性以及20%的男性，尤其是30～50岁的妇女。目前病因尚不明确。大多数医学专家认为主要是内分泌紊乱所致，以前在治疗黄褐斑的时候主要针对内分泌的情况进行中西医药物调理，但实际上很多患者在服用各种调节内分泌的药剂后还是无法治愈。因为内分泌紊乱可以诱发黄褐斑，但从人体生理学的角度来说，它的生成是由于人体的黑色素基因在种种诱发因素（如内分泌紊乱、紫外线、劣质化妆品等）下受损变异，大量的异常黑色素沉积在皮肤基底层而形成的。所以治疗黄褐斑单一调节内分泌是不够的，必须针对黄褐斑的病变部位来治疗，消除体内异常的黑色素基因，阻断黑色素形成，从而达到彻底治疗的目的。

3.临床上将黄褐斑分为三型：

（1）面部中央型：这种最常见，在前额、颊、上唇、鼻和下颌部均有分布；

（2）面颊型：主要位于双侧颊部和鼻部；

（3）下颌型：主要位于下颌，偶尔累及颈部V形区。

解决方案

治疗黄褐斑目前只能通过内调外治，用中医药、中医针灸进行内调，用果酸祛斑和激光祛斑进行治疗。

1 果酸焕肤

浓度高于20%的果酸使肌肤外层老化细胞容易脱落，在老化细胞脱落的过程中沉淀于皮肤表皮层的色素颗粒一并脱落。果酸同时能促进真皮层内胶原蛋白、弹性纤维、黏多糖类增生，能达到漂白、去疤、祛斑的效果。

2 激光美容祛斑

该方法利用的是不同波长的光会被皮肤中特别的颜色或色素吸收，像常听说的红宝石（RUBY）激光就是以红宝石为媒介，主要针对黑色及咖啡色色素、色斑，将光线和色素结合，使之被分解，当色素渐渐被身体吸收后，色斑的颜色就会随之变淡了。

1.治疗后，皮肤短时间内接收大量热能，会感到较干燥，请加强保湿。

2.少数人于治疗后皮肤会有微红、微灼热感，这是正常现象。数小时后可以渐渐退去，如仍感不适，可以视情况冰敷镇定，或是安排复诊查视。

3.可以外出活动，但是要加强防晒的工作，建议使用SPF30～50以上的防晒用品，外出请每隔2～3小时补擦一次，也可以用遮阳伞、遮阳帽等做物理性防晒。

4.治疗后一周内勿使用刺激性保养品，如果酸、A酸、水杨酸、酒精等。

相关知识

1.对于新出现的黄褐斑，请立即进行治疗，不要等到色斑沉积到真皮层后再寻求治疗。由于黄褐斑不是一两天或一两周形成的，因此，治疗黄褐斑也必须有耐心，不可心急求快而乱用治斑方法。

2.每种类型的肌肤都可能长斑，每种肌肤产生斑的原因和治疗方案都是不同的。祛斑一定要分肤质才能达到美白效果的最大化。

3.黄褐斑需要全方位的综合治疗，对于女性而言，适当地调节机体的内分泌也会起到非常好的疗效，专家建议不要单纯采用化妆品遮盖法，否则会产生不良反应，导致毛孔堵塞等症状。

08 色素沉着

Se su chen zhuo

{ 基本症状及原因 }

　　色素沉着可见于许多皮肤病，皮肤病学把以皮肤色素沉着为主要表现的疾病统称为皮肤色素沉着过度性疾病。

　　1.色素沉着的成因：皮肤受阳光、紫外线辐射或化妆品、药物及其他物质刺激后，会形成黑色的皮肤色素，这些色素一部分随着角质层脱落；一部分沉淀于底层，通过血液循环排出体外，以上功能一旦失调，便形成了色素沉着。

2.色素分类：

一类是人体自身产生的色素，如存在于皮肤中的黑色素细胞产生的黑色素。黑色素所在部位深浅不同，色调表现也不同：在表皮呈黑色或褐色；在真皮浅层则呈灰蓝色；在真皮深层呈青色等。内源性色素还有脂色素、胆色素等。

另一类为外源性的外来色素，如胡萝卜素（胡萝卜血症）、药物（如米帕林可致皮肤黄染等）和重金属（如砷、铋、银等沉着症）以及异物所致着色，如文身、泥沙、铁渣、煤渣等在皮肤的沉着等。

解决方案

① Quantum SR光子嫩肤仪：560纳米治疗头

光子嫩肤是一项拥有宽光谱非介入性的光动力疗法，利用选择性的光热原理，在不破坏正常皮肤的前提下，用特定宽光谱的强脉冲光穿透表皮，对色素颗粒进行照射，使色素颗粒和细胞在强光照射下消失。强脉冲光产生光化学作用，刺激肌肤，使真皮层胶原纤维和弹力纤维产生分子结构的化学变化，数量增加，重新排列，恢复其原有的弹性。另外，它所产生的光热作用可增强血管功能，改善肌肤的微循环。光子嫩肤技术是一种非剥脱的物理疗法，具有高度的方向性，很高的密度和连贯性，光子嫩肤可被聚集到很小的治疗部位，因而其作用部位准确。

② 调Q Nd3+:YAG双波长脉冲激光

1064纳米调Q激光穿透力强，可达到皮肤深层的黑色素细胞或黑、蓝色染料颗粒。皮肤会有一个自然的恢复过程，愈合后，少数病人会出现萎缩性疤痕或肥厚性疤痕。染料激光治疗愈合后皮肤表面可出现白色，继而红润，或出现淡咖啡色，3~9个月后逐渐与肤色接近。年龄愈轻、皮肤状况愈好的人恢复得也就愈快。

注意事项

1.避免接触有害化学品，做好职业病预防及劳动保护工作。

2.对已形成的色素应避免局部刺激，包括搔抓、摩擦及涂抹化学品。

3.积极治疗原发疾病，随着原发疾病的病情改善，色素会有所减退。

4.外用祛斑产品虽然见效快，但只是当时的漂白，治标不治本，很容易反弹，而且很多外用祛斑产品都含有激素或重金属，对皮肤伤害比较大。

相关知识

维生素E的功能有哪些？

1.维生素E是一种强抗氧化剂，能有效地阻止食物和消化道内脂肪酸的酸败，保护细胞免受不饱和脂肪酸氧化产生的有害物质的伤害。

2.维生素E是极好的自由基清除剂，能保护生物膜免受自由基攻击，是有效的抗衰老营养素。

3.提高机体免疫力。

4保持血红细胞的完整性，促进血红细胞的生物合成。

5.维生素E是细胞呼吸的必需促进因子，可保护肺组织免受空气污染伤害。

6.维生素E能稳定细胞膜的蛋白活性结构，促进肌肉的正常发育及保持肌肤的弹性，令肌肤和身体保持活力；维生素E进入皮肤细胞更能直接帮助肌肤对抗自由基、紫外线和污染物的侵害，防止肌肤因一些慢性或隐性的伤害而失去弹性直至老化。

7.维生素E不能由人体自身合成，必须从外界食物中摄取。维生素E广泛存在于一些动植物食品中，但在食物的加工、食用油的精炼等过程中均会遭到很大的破坏。因此，要想获得充足的维生素E，应该适当食用维生素E补充剂。

痘印
Dou yin

{ **基本症状及原因** }

　　痘印是机体对组织损伤产生的一种修复反应。当皮肤的损伤深及真皮或大面积的表皮缺损，该部位的表皮不能再生，将由真皮纤维细胞、胶原以及增生的血管所取代，这样就出现了痘印。痘印是因为感染发炎或外力挤压所形成，往往是青春痘发作时没有得到及时适当的治疗，皮肤细胞的发炎反应造成了对皮肤组织的破坏，导致疤痕的产生。由于青春痘的种类各式各样，所以青春痘印的形式也有好多种，而青春痘发作时的发炎反应越严重，皮肤组织也破坏得越厉害；发炎的部位越深，皮肤组织被破坏得也越深，将来可能留下的痘印也就越严重。

痘痘发作时引起血管扩张，痘痘消下去后血管并不会马上缩下去，会形成一些平平红红的红斑，而皮肤细胞的发炎反应造成了对皮肤组织的破坏，发炎后的色素沉淀会使长过红痘痘的地方留下黑黑脏脏的颜色，这样就形成了痘印；痘印不断增多，各种细胞释放出多种细胞因子，导致皮肤胶原和基质排列异常，再加上微循环和自由基因素的影响，淋巴回流减少，局部水肿，这就形成了痘疤痘印。

1.引起痘印的四个因素

（1）毛囊角化过度；

（2）雄性激素与皮脂腺功能亢进；

（3）毛囊皮脂单位中微生物的作用；

（4）局部炎症等。

2.痘印的种类

痘印有好多种，一般包括黑色痘印、红色痘印、凹洞性痘印、增生性凸疤等四种。

解决
方案

① 黑色痘印

黑色痘印起于痘痘发炎后的色素沉淀，长过红痘痘的地方留下黑黑脏脏的颜色，使皮肤暗沉，这些颜色其实会随着时间的推移慢慢自行消失。这是一种暂时性的假性疤痕，并不是真正的疤痕。

针对黑色痘印的治疗方法：

（1）左旋维生素C类精华加超音波导入：促进皮肤胶原蛋白产生，能加快黑色痘印退去。

（2）使用美白护肤品：治疗后可搭配外用美白护肤品（日用）和果酸类护肤品（夜用）来加强疗效，一方面抑制黑色素产生，另一方面促进皮肤新陈代谢，加速黑色素排除。美白保养品及果酸类保养品对于褪黑色素沉淀较为有效，对消除红色痘印的效果则相对较差。

② 红色痘印

红色痘印是因为原本长痘痘处细胞发炎引起血管扩张，痘痘消下去后血管并不会马上缩下去，就形成了一个平平红红的暂时性红斑。它会在皮肤温度上升或运动时更红，这种红斑并不算是疤痕，会在半年内渐渐退去。

针对红色痘印的治疗方法：

（1）脉冲光：可收缩微血管，有淡疤效果，但需经多次治疗。脉冲光还可增加真皮层的胶原蛋白，使凹陷不再明显，改善毛孔粗大，所以也适用于轻微凹洞并存的皮肤。

（2）保养：使用含果酸的保养品或家用磨皮保养产品，促使老废角质脱落，帮助肌肤更新，改善长痘痘后的色素沉着。

（3）使用药物治疗

3 凹洞痘印

凹洞疤痕是比较常见的情况，当痘痘发炎太厉害伤及真皮的胶原蛋白太多时，就有可能因为真皮的塌陷而留下凹洞。而很多青春痘患者喜欢用手去挤痘痘，如果挤得不恰当，会大大增加化脓感染的机会，很容易将小粉刺、小痘痘变成大痘痘，然后留下疤痕。而凹洞一旦产生就不会自动消失。

针对凹洞性痘印的治疗方法：

（1）果酸焕肤：使用高浓度的果酸进行皮肤角质的剥离，促使老化角质层脱落，加快角质细胞及少部分上层表皮细胞的更新速度，促进真皮层内弹性纤维增生，对较浅的凹洞性痘印有较好疗效，也能改善毛孔粗大，但需经多次治疗后才能消除痘疤，优点是安全性好，副作用小。

（2）填充法：对于较深的凹洞，可以用注射填充物（如胶原蛋白）的方法，使得凹陷部分隆起，从而与周围皮肤组织保持平整。

（3）激光磨皮：这个方法适合较深的凹洞，可依据皮肤凹洞深浅来做磨皮手术，只要2~3次即可有不错的效果，而且效果较持久。不过由于激光磨皮伤口较大，需配合术后的保养，如果术后保养没做好，皮肤可能泛红、发黑。

4 增生凸疤

　　增生性痘印通常是由先天的体质所决定的，在治疗上最为困难，也容易复发。这类疤痕与凹性疤痕正好相反，是一种过度肥厚的疤痕，在长过痘痘的地方留下了明显的红色突起，外观又红又肿，而且更严重的是，它会因为搔抓或外力的刺激而慢慢长大。增生性痘印多发生于一些体质特殊的人群身上，这类人群由于其皮肤真皮层的成纤维细胞太过活跃，在伤口愈合的过程中过度反应，结果真皮发炎受伤后不但不是凹下去，反而是凸起来，变成肥厚的皮肤组织增生。这已经不是护肤品能解决的问题了，必须使用医疗方法。

　　针对增生性凸疤的治疗方法：

　　（1）局部皮下注射：针对增生性凸疤，可直接把药物针剂注射入痘疤的皮下进行治疗，而这种药物的成分以类固醇为主，能抗发炎，并溶解掉发炎组织，这是目前对于增生性凸疤最简单也是效果最显著的治疗方式。经过数次的注射治疗后虽可使痘疤渐渐软化并由凸变平，但疤痕组织的色素沉着仍无法淡化，所以治愈后仍将存有一定痕迹，无法完全恢复正常皮肤的外观。

　　（2）激光等光照疗法：对于增生性的疤痕有一定的抚平作用。

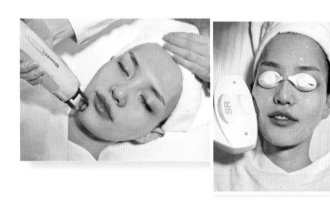

辅助的方法

可用微晶磨削的方法辅助治疗。微晶磨削是通过持续喷射微晶颗粒于皮肤表面，用类似"砂纸打磨"的方法祛除多余的表层细胞，从而刺激角质细胞和胶原蛋白再生，达到祛除痤疮疤痕及细小皱纹的作用。相对较深层的痘疤有较好的改善作用，这是其非常大的优势。

广义而言，微晶磨削其实可分为两种，一种是利用颗粒微小的金刚玉晶沙，破坏角质的功能，同时通过机器，将喷出的结晶体吸回。此法除了有去角质功能外，因为能刺激到表皮层的胶原蛋白增生，以及促进血液循环，因此也能有焕肤的效果。

另一种则是钻石微雕。同样属于物理性的应用，可称为传统微晶磨削的加强版。借着镶有细密钻石颗粒的探头直接摩擦皮肤，与微晶磨削相比，钻石微雕因为采用直接摩擦，能避免传统微晶磨削喷出结晶体残留在皮肤上的问题，因此更为安全。目前有日渐取代传统微晶磨削的趋势。

其实微晶磨削严格来说并不属于"磨皮"，反而比较倾向"焕肤"：它是借着物理性的方式去淘汰皮肤较表浅的角质，和果酸焕肤相比，微晶磨削能够正确地控制深度，使用起来既安全又不需要恢复期，所以有其不可取代的便利性。

一般微晶磨削主要作用在脸上的T字部位及双颊，而眼皮及眼睛周围较细嫩的地方，则要避免使用。此外，治疗前若皮肤有伤口、面疱等或属于敏感性肤质，则建议最好先不要进行微晶磨削治疗。治疗时整个疗程需要4~6次，维持的时间根据个人的肌肤状况各有不同。

注意事项

1.治疗后可外用美白保养品来加强疗效，一方面抑制黑色素生成，另一方面促进皮肤新陈代谢，加速黑色素排除。如左旋维生素C、熊果素、A酸、曲酸等。但美白保养品对于褪黑色素沉淀较为有效，而对于褪红色痘印的效果则相对较差。

2.无论治疗哪种痘疤，都需先治好痘痘，让痘痘不再生长。否则边治痘疤，边长新痘痘，就不能得到最佳效果。

3.敷面膜对于痘印的恢复也有一定帮助，一方面面膜可提高皮肤的表面温度，在脸部产生自助循环作用，帮助肤色均匀，同时面膜中所含的修复营养成分能更好地被底层肌肤所吸收；另一方面勤敷面膜有助于加速皮肤新陈代谢，帮助肌肤自我修复。

4.治疗后首先要注重防晒，大量紫外线暴晒能让恢复期的皮肤产生色素沉淀，让痘疤颜色更重，留得更久，因此不宜进行时间过长的户外活动。

5.做完医学美容的疗程后，最重要的是后期保养，只有做好正确的保养才能使效果维持长久。

6.色素沉着是烦人的面部问题，但其只是一个症状，并不是疾病的诊断名词。色素沉着可见于许多皮肤病，皮肤病学把以皮肤色素沉着为主要表现的疾病统称为皮肤色素沉着过度性疾病。该组疾病的发病机理不外乎黑色素细胞数量增多或其活性增强。

相关知识

1.不管是采用何种微晶磨削的方式，通常治疗后都能立即恢复日常的生活，甚至可以直接上妆。但治疗过程中，难免有些人会略微浮肿、局部发红，因此建议术后还是让肌肤有一段休息期较好，最好能加强防晒及保湿。微晶磨削治疗一定要在正规大医院进行，而且切记不要在炎症期实施，即必须在不长痘痘的情况下进行，对于中长期较深层的痘印、痘疤有明显效果。

2.谨记不要和面部皮肤有问题的人亲密接触，像贴脸、共用毛巾等。因为面部皮肤疾病是感染了螨虫引起的，螨虫又是通过接触交叉感染得来的，防止被螨虫感染，就是防止皮肤疾病发生。

3.注意自己的皮肤清洁卫生，勤洗澡、勤换衣服，保持面部和手部的卫生干净，使面部皮脂正常排出。

4.杜绝用手去挤、捏、掐痤疮，这样会直接导致炎症、细菌向深部发展，还会造成毁容性疤痕的恶果。

5.要养成良好的生活习惯，注意生活规律，要加强锻炼，呼吸新鲜空气，不用手去抚摸面部。不要浓妆艳抹，淡妆为宜。

6.发生皮肤疾病后应及时使用有效的药物进行治疗。注意遵循医嘱，认真服药与擦药，一定要坚持。

10 痣
Zhi

{ 基本症状及原因 }

痣在医学上称作痣细胞或黑色素细胞痣，是表皮、真皮内黑色素细胞增多引起的皮肤表现。高出皮面的、圆顶或乳头样外观的或是有蒂的皮疹，临床上叫作皮内痣；略微高出皮面的多为混合痣；不高出皮面的是交界痣。

痣有先天性的，也有后天形成的，人身体上百分之九十九都是良性痣，有些痣是有可能发生恶变的。比如以下几种：

1.外观不典型的痣

外观不典型的痣可能变恶性，如很黑的痣，色素不平均、边缘不平整或不规则、界线不明、左右不对称、在统计上直径大于5毫米的痣。

2.先天高危险的痣

婴儿一出生就看得到的痣叫先天痣，先天痣不多，根据统计，1%的新生儿有痣。并非所有先天痣都是一生出来就有危险，大小是重要因素。一般来说愈大的痣，将来变恶性的几率愈大。

3.突然快速变化的单一的痣

如果是全身的痣因为激素的变化而同时变化，较无疑虑；如果是单一的痣突然快速变化，就值得注意。

4.长在特殊部位的痣

长在肢端的痣，长在指甲沟的痣必须注意观察，因为这些地方的痣比其他地方的痣变恶性黑色素瘤的机会要大。

5.长在黏膜的痣

是指位于口腔黏膜、结膜、阴道、包皮翻出来那部分的黑痣。

解决
方案

1 直径超过0.6厘米，又大又凸起的痣建议外科手术切除痣周围的组织。可选择部分或全部切除，并可依痣的性质不同而进行不同的处理。

2 高能超脉冲CO_2激光磨皮焕肤术利用高能量、极短脉冲的激光，通过热凝固和汽化作用破坏多余组织而达到治疗体表一些赘生物的作用。

3 MAX倍频激光机532纳米/1064纳米也可以治疗各种痣。

注意事项

1.治疗前的注意事项：

（1）接受治疗前三周尽量避免日晒，以免妨碍治疗效果；

（2）接受治疗前一周内，应该避免服用阿司匹林之类的药物，以防流血；

（3）有两种情况尤需引起注意：患者为瘢痕体质和患者有色素沉着斑等。

2.治疗后的注意事项：

（1）小面积治疗后可有轻度红肿，结淡褐色的痂，要注意创面保护，清洁时可用些润滑性药物，禁止早期去痂，让其自行脱落；

（2）大面积治疗特别是眼睛周围的治疗会出现明显肿胀，三五天后自行消失；

（3）短期内可能出现色素改变，数月后会消失；

（4）治疗后两周内，原则上不宜擦洗；

（5）术后约半个月进行专用面膜治疗；

（6）治疗部位对阳光较敏感，所以治疗后三个月内应避免日晒，如有必要，宜使用防晒药水。

3.禁忌症：

同"肝斑禁忌症"。另外，不愿意冒轻微疤痕形成风险的消费者不宜治疗；炎症和药物（包括化妆品）引起的色素沉着过度或黑斑者不宜治疗。

相关知识

1.每次治疗结束后，皮肤都要有一个自然吸收的过程，因此治疗的间隔时间一般为2～3个月。根据色素及血管病变的大小、数量及深度，有的治疗一两次就能达到预期的效果，一般则需4～6次才能彻底解决问题。

2.由于大气污染、臭氧层破坏及电离辐射等多方面的因素，导致恶性黑色素瘤发病率呈不断上升趋势，但由于患者往往对其严重性认识不足，常常在就诊时就已是晚期，使治疗效果极差。早期恶性黑色素瘤病人经手术及生物治疗，五年生存率可以达到60%～80%，但晚期病人五年生存率不到5%。不要拿黑痣不当回事，由于恶性黑色素瘤几乎60%是由黑痣恶变而来，所以如何识别黑痣恶变，对于黑色素瘤的早期诊断尤为重要。

3.一般出生就带来的黑痣、存在10年或10年以上没有发生明显变化的黑痣出现恶性黑色素肿瘤恶变的情况不多，而且多数黑痣为良性、边缘整齐、均匀，呈黑色或深褐色，很容易用一条直线把它们分成对称的两个部分。黑痣发生恶变的特点是：边缘不整齐、不规则地迂回和扭曲；不是清一色的黑色，而是杂色，相互交错，通常无法用一条直线将它们分成对称的两个部分；初起很小，不易察觉，但呈进行性生长，待长到像铅笔上的橡皮头那般大小时，则一目了然。

4.其他的色素痣如果发生恶变，常常会有一些先兆出现：

（1）一颗痣无缘无故周围发红发炎，或痣的颜色突然加深；

（2）原来边界清楚的痣边缘变模糊不清，或一边清晰，一边模糊，颜色一边深一边浅；

（3）色素痣在短期内突然变大；

（4）表面由光滑变粗糙，出现糜烂、渗液、出血等改变；

（5）一颗黑痣周围突然出现数个小的黑点，即出现卫星状的痣，要高度警惕这种痣恶变；

（6）痣一般是没有感觉的，若某颗痣突然出现痒痛的感觉，则要警惕出现痣恶变的可能。色素痣一般出现于20～30岁，30岁以后可逐渐消失（面部痣除外）。若是年龄较大才出新痣，则应引起重视。

11 鲜红斑痣

Xian hong ban zhi

{ 基本症状及原因 }

又称葡萄酒样痣或毛细血管扩张痣，在出生时出现，好发于面、颈部，大多为单侧，偶为双侧，有时累及黏膜。鲜红斑痣，包括草莓状鲜红斑痣和海绵状鲜红斑痣，又叫红胎记，是婴幼儿最常见的血管性疾病之一。

鲜红斑痣起初为大小不一或数个淡红、暗红或紫红色的斑片，呈不规则形，边界清楚，不高出皮面，可见毛细血管扩张，压之，则部分或完全退色，表面平滑。随着年龄增长，颜色加深变红，变紫，40%的患者的病灶将逐渐扩张，在40岁前可增厚和出现结节，于创伤后易于出血。鲜红斑痣是无数扩张的后微静脉所组成的较扁平而很少隆起的斑块，属于先天性后微静脉畸形。病灶面积随身体生长而相应增大，终生不消退。

鲜红斑痣从出生至10岁以前生长缓慢，10岁以后进入增生期，65%的患者在40岁前后皮损增厚，并出现结节样改变，易出血。鲜红斑痣的治疗效果与患者的年龄、皮损的程度、病变的部位均有关。国内现有患者达数百万人，且每年新增病例2万多人。

鲜红斑痣可发生在任何部位，以面部居多，它还同时累及到眼神经和上颌神经，15%会造成青光眼，1%~2%的患者伴有同侧的软脑膜血管畸形，称为Sturge-Weber综合征。

解决方案

1 较浅的鲜红斑痣使用波长为585/595纳米的脉冲染料激光

此方案是应用光对不同颜色物体的选择性光热效应，其应用波长在530~600纳米之间的强脉冲选择性地作用于血管中的血红蛋白，使血管凝固致死，从而被巨噬细胞系统吸收，随淋巴循环排出体外。

2 较深的鲜红斑痣则更适合通过长脉宽的Nd：YAG激光

当血红蛋白吸收脉冲染料激光的能量后，会在瞬间形成高铁血红蛋白。这种微型凝固的蛋白对染料激光的吸收很少，会使血管壁快速凝固。

Focus 注意事项

1.治疗后，患处一周不可进行热水洗浴。

2.治疗后局部可能有紫癜，一般一周左右可自行消退。部分患者可能会有色素沉着产生，一般3~6个月逐渐消退。如有痂皮，切勿用手撕剥，待其自然脱落。

3.如有水泡，切忌沾水，不要将泡皮撕掉，可待其自行吸收。如有必要，可口服抗生素，以免感染形成疤痕。

4.治疗后可外用有修复功能的药物或药妆产品加快修复，同时可配合外用左旋维生素C精华液及防晒霜，预防色素沉着产生。

5.治疗期间避免食用辛辣刺激以及光敏感性的食物，如辣椒、牛、羊肉、鱼虾、海鲜、芹菜、香菜、白萝卜、芒果等。

6.治疗期间避免直接受阳光暴晒，严禁使用酒精类制品，以免引起毛细血管扩张。

7.治疗需多次，1~3个月后复诊。

1 鲜红斑痣的危害有哪些?

下列危害中，前面三种是鲜红斑痣最常见、也是危害最大的，所有的鲜红斑痣患者及家长都要引起重视。

（1）面积的扩大；

（2）出血；

（3）Sturge-Weber综合征；

（4）骨肥大综合征。

2 激光治疗鲜红斑痣的最佳时间是什么时候?

对婴幼儿期的鲜红斑痣治疗，往往效果更加理想。原因有两个：一是随着年龄的增大皮肤增厚，不利于激光穿透深层的皮肤；二是随着年龄的增大，血管壁也会增厚，不利于有效消除。

3 不适合治疗的人群有哪些?

（1）孕妇；

（2）光敏性皮肤及近期使用过光敏性药物者；

（3）近期接受过或有可能接受阳光暴晒的人群；

（4）癫痫病患者，糖尿病患者，有出血倾向的患者；

（5）瘢痕体质和需治疗部位有皮肤感染的患者；

（6）怀疑有皮肤癌的患者；

（7）期望值过高者。

第五章 面雕

CHAPTER 5

01 泪沟

Lei dou

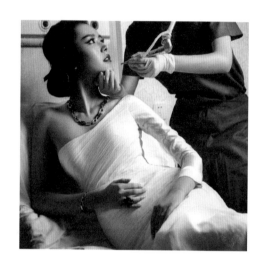

{ 基本症状及原因 }

　　泪沟是指眼袋下方内侧的纹路，因为像流泪时的眼泪渠道，所以称为泪沟。常见原因大多是天生或老化，导致眼眶隔膜下缘的软组织萎缩、下垂而生成。此外，黑眼圈较严重，或是眼袋下垂，都会令泪沟显得较为明显。有的人泪沟甚至可延伸到脸颊。

　　由于泪沟的凹陷与周围皮肤的对比映衬，使下睑组织看起来有些臃肿、凸出，由此很容易被认为是眼袋，但其实那只是泪沟变深给人的错觉。有的人泪沟形成是因为在下眼眶的皮下组织跟眼眶之间有比较强的纤维组织拉着，当眼袋出现时，它就会被挡在眼眶的边缘，因此，就显得凸的更凸，凹的更凹。

泪沟一般是先天性的，眼皮较薄的人常常会比一般人更明显。但泪沟通常在年轻时不会很明显，这是因为年轻人皮下脂肪较为丰富，皮肤也较为紧绷，因此只会有隐约的轮廓。不过，随着年龄的增长，皮下脂肪日渐萎缩，皮肤会变薄并因弹性降低而下垂，下眼皮内侧的泪沟就会变得很明显，"眼袋"就这样显现出来了。

解决
方案

1 玻尿酸注射

玻尿酸注射是去除泪沟最为安全、有效、直接的方法。施打玻尿酸时，要特别注意眼球，若施打位置错误会让眼压升高产生不适；如果只打在表皮层容易出现细微的瘀青；若贴近骨膜施打则较为自然，也较不易有瘀青现象，但仍要考量个人脸部状况来决定施打位置。

一般施打后，外观并无特别的异样，有瘀青者3～7天可恢复。玻尿酸分子的选择视泪沟的深浅来决定，深的泪沟可采用分子大一点的玻尿酸，打的位置也较深，通常不易瘀青；浅的泪沟应选用小分子玻尿酸，才会显得自然不突兀。术后冰敷可以缓解瘀青，并加速恢复，但要留意不要用力按压。

2 自体脂肪填充

祛除泪沟时，要看看眼袋是否要处理，如果没有眼袋的问题，可以用身体其他部位的脂肪来填平它。如果有眼袋要处理，可以在做眼袋手术时，将泪沟的部分同时处理，并且可以将眼袋的部分脂肪用来填补泪沟的凹陷。

对于25～30岁之间产生的眼袋和泪沟，最好的解决方法就是通过释放眶内脂肪祛除眼袋，同时将释放出的脂肪进行处理移植到泪沟处进行泪沟填充。

自体脂肪移植祛除眼袋和泪沟的方法，最大的好处就在于两个手术可同时进行，切口小，不易发现。而且维持时间较久，价格也较便宜。但此手术对医生的技术要求很高，在进行泪沟填充时，因为自体脂肪会被肌体吸收一部分，所以脂肪量既不能多也不能少，多会造成眼部皮肤不平整，少则起不到任何作用。

至于其他填充物：微晶瓷不适合填充在太浅的地方，胶原蛋白则触感较硬，因此较少人会采用。

注意事项

1.注射玻尿酸的注意事项：

（1）注射玻尿酸后，要注意千万不要按压注射部位，以免影响术后效果；

（2）注射后4～6小时，最好不要躺下，以免玻尿酸流散；

（3）注射后要避免注射部位碰触到水或者是脏物，以免因为不洁而造成手术部位的感染；

（4）注射后未必一次就能达到满意的效果，因此要遵照医生的建议按需要再次进行玻尿酸注射；

（5）注射后在饮食上尽量保证多吃清淡的食物，避免吃辛辣刺激的食物。

2.自体脂肪移植的注意事项：

（1）术前患者要做全身检查，确保身体健康；

（2）术前不要吃阿司匹林及抗凝血类等药物；

（3）女性应避开月经期；

（4）术后避免伤口沾水，要随时保持伤口清洁，如有血痂或者分泌物渗出，要用生理盐水轻轻擦拭；

（5）术后禁止涂抹化妆品；

（6）术后禁止食用辛辣、刺激性食物及海鲜，以免影响恢复；

（7）术前术后都要禁止吸烟喝酒。

02 下眼睑凹陷

Xia yan jian ao xian

{ 基本症状及原因 }

下眼睑凹陷的原因主要有三点：

（1）先天性下眼睑眶周软组织发育不良及轮匝肌薄弱；

（2）随着年龄增长，皮下脂肪、眼轮匝肌眶隔脂肪萎缩；

（3）眼部外伤、手术及眼部疾病所致的眶隔软组织缺损。

有时眼袋手术中眶隔脂肪提除过多，另外眶隔和下眼睑缩肌的瘢痕性融合使眶脂肪向下、向后移位都会导致下眼睑凹陷的形成。轻度的眼袋凹陷者用弓缘开释技术和表浅颊提升技术常可取得矫正效果，严重者往往需行脂肪筋膜瓣移植矫正术。

解决方案

1 自体脂肪移植

（1）整块脂肪移植：利用自身其他部位的脂肪组织，整块地移植到凹陷部位，可以修正凹陷畸形。眼睑部对移植脂肪的吸收量只有20%～30%，人体有些部位脂肪的吸收率高达50%以上，所以眼部是脂肪移植的有效部位，也是效果最好的一个部位。移植可采用切开和隧道两种方法，将脂肪块放进去，然后固定。术后的一段时间里移植脂肪会变硬，但时间长了便逐渐软化，眼睑部的血液循环丰富，移植的脂肪很快可以成活。下眼睑凹陷手术成功的关键在于移植量和移植部位，植入过深或过多会引起眼睑下垂，这点对医生的技术水平是一个考验。

（2）脂肪颗粒注射法：在自身其他部位吸取少量脂肪组织，通过加工筛选后，提取饱满干净的脂肪颗粒注入凹陷部位。多数患者一次注射后便可达到满意的效果，少数人由于双侧或单侧的脂肪吸收量不一样，可能需要再追加一次注射。这种方法简单易行，无不良后果，是目前采用较多的一种方法。

2 胶原蛋白填充

胶原蛋白填充可将薄弱的皮肤以及眼轮匝肌自眶下缘抬高。植入部位是严格位于骨膜外的地方，也就是在眼轮匝肌的下面，刚好在眼眶隔膜插入部位的前面。有经验的医生在不施加压力的情况下会回拉针头，因为植入物进入到肌肉中可以引起结节形成，同时在该部位也很容易产生瘀伤。

注意事项

胶原蛋白填充注意事项：

1.填充后可以冷敷10～15分钟时间，以减轻注射部位可能出现的红肿现象，缩短注射后的恢复时间；填充后的48小时内，尽量保持注射部位不动，切勿有大哭、大笑等面部肌肉的大幅度运动，以免影响到注射部位处填充物的均匀分布。

2.填充后的24小时内，请不要在注射部位使用化妆品、护肤品等，也不能沾到水或是被污染到；填充后的72小时内，不能在注射部位和其四面涂抹带有刺激性的化妆品；填充后的一周内不能饮酒，也不能吃刺激性食品，更要避免暴露在极强阳光或是其他射线下；填充后的一个月内禁止接触高温环境，比如桑拿、激光光子设备的高能量治疗等。

3.请按医生嘱咐的手法进行一周时间的局部按摩和塑形。

4.为了保证注射后的效果，请严格按照医嘱来进行调理。

相关
知识

由于脂肪吸收的多少非常难掌握，且皮下注射时难以准确无误地到达并固定在凹陷的部位，因而，首次应少量注射，不足时再第二次补充注射。第二次注射一般在第一次注射后3个月再进行。

脂肪注射后形成的脂肪硬结，部分原因是由于血脂或纤维未清除干净。因此，取出后的脂肪应反复清洗至纯脂肪才能注入。遇此情况可做切开眼袋整形术祛除硬结。

03 眼尾下垂
Yan wei xia chui

{ 基本症状及原因 }

眼尾下垂大多是因为年纪渐增，眼睛的外侧无法借由骨头支撑，在肌肉松弛之际，自然容易下垂。而眼尾下垂的速度通常比脸颊来得快，若不进行改善及治疗，脸部整体容易显老。求诊的患者中，熟龄人群多过年轻美眉。有些人天生眼尾下垂，这种类型较难用微整形改善，多半需要外科手术进行调整。

解决
方案

　　轻微的眼尾下垂，会令有些人明显的双眼皮逐渐变细，甚至眼尾后半部分的双眼皮消失。有些人眼皮在松弛后，甚至会令睫毛下垂倒插，造成不适。以往多半采用手术方式切除多余的眼皮，但本身若已有双眼皮，手术常导致原本的双眼皮变得不自然。严重的眼尾下垂还会造成三角眼，若眉毛也一并下垂，有时会造成眼与眉的过度靠近，这时就不能只靠切除手术，还得加上提眉，才能让眼睛线条恢复美丽。

　　眼尾下垂严重造成生活困扰，一般都在熟龄才会发生，因此20～40岁的女性或男性，并不需要采用手术的方式来改善眼尾下垂，改以肉毒素作为预防性治疗就可以了。眼尾下垂者施打肉毒素主要打在眉毛与眉峰之间，或是针对眼尾部位施打，放松下拉的肌肉，只留下提拉的肌肉，形成提眉的效果，即可令眼尾的下作用力减少。

辅助的方法

　　眼尾下垂的治疗方式，除了注射肉毒素外，还包括电波拉皮、内视镜拉皮、提眉手术等，可先从电波拉皮着手治疗。电波拉皮能让真皮层紧实，促进胶原蛋白再生，当脸部的线条拉紧后自然会有提拉眼部的效果，同样不需要开刀治疗，较不具侵入性，但缺点是需要多次治疗，效果较慢，这时可再搭配肉毒素，效果会快一些。使用电波拉皮加肉毒素可持续1～2年，但肉毒素生效的部位，大约隔半年就得补打。通常使用电波拉皮会针对全脸进行治疗，女性全脸大约施打600发，男性约900发，眼皮的部位约225发，要对每个人的脸部情况进行评估再确定具体方案。

注意事项

不适合肉毒素注射除皱的人群：

1.年龄过大者。50岁以后，皮肤往往已经变得比较松弛了，这时倘若再注射肉毒素的话，肌肉会变得更加松弛，反而会显得更加衰老，所以肉毒素除皱比较适合30～45岁、出现早期皱纹的人群。

2.面部过于消瘦者。因为脸上的肌肉太薄了，注射以后药剂极容易扩散到周围的肌肉当中去，这样一来，把本来不应该麻痹的肌肉麻痹得动弹不得，会影响到面部表情的展现。

3.上眼睑下垂、重症肌无力症、多发性硬化症患者。

4.身体非常瘦弱，有心、肾、肝等内脏疾病的患者。

5.过敏体质者。

6.孕妇、哺乳期妇女。

相关知识

1.若老化程度较深，无论什么年龄，医生都会建议以手术开刀来改善，费用也相对较高，时间大约可维持5年，恢复期也较长，但效果比微整形好。一般无论是注射肉毒素还是做电波拉皮，通常只能提升0.5厘米不到的高度，手术视情况可以提升1～1.5厘米。

2.有些年轻的求诊者本身眼皮脂肪过多，也会造成眼尾下垂，通过割双眼皮或是抽出部分眼部脂肪即能改善。

3.一般施打后约2星期，即可见到效果，1个月之后可见完整的提拉效果。

4.注射后4小时内，不建议趴或躺。

04 眼袋

Yan dai

{ 基本症状及原因 }

　　对付眼袋要按照其形成原因的不同而采取不同的处理方式。睡眠不足引起的眼袋，改善的方法就是保持充足的睡眠，也可使用保湿型眼霜加以按摩和冷敷，都能很快得以改善。肌肉过于强壮造成的眼袋，选择注射肉毒素就能见效。眼周脂肪过多引起的眼袋，根除其最有效的方法是依靠美容外科手术。

解决
方案

　　将肉毒素注射入眼袋，能阻断神经和肌肉之间的"信息传导"，使过度收缩的肌肉放松舒展，眼袋便随之消失。肉毒素注射去眼袋的过程非常简单，医生先将眼袋部位消毒，接着确定皱纹的位置以确定注射部位，随后按照次序和剂量注射，最后用酒精擦拭并消毒。

治疗时间：约30分钟
恢复天数：不需要恢复时间
维持时间：6个月
复诊次数：不需要
失败风险：低
疼痛指数：★

05 注射隆鼻
Zhu she long bi

{ 基本症状及原因 }

注射隆鼻，顾名思义就是用注射的方式隆鼻。注射隆鼻的原理其实与手术隆鼻的原理差不多，都是通过往鼻子的皮肤组织里填充物质而达到隆鼻效果，但不同的是，注射隆鼻不需要切开鼻子的皮肤组织，仅仅通过针剂注射的方式就能达到填充的效果。

鼻子的美丽与否，都是由支撑鼻头支架的构造决定的，主要起作用的是鼻翼软骨内、外侧角和穹窿部；其次是鼻侧软骨、鼻中隔软骨部。

鼻子位于脸部中间，虽然范围不大，却影响整个脸的立体度。鼻梁在经过填充物注射后，所能带来的改变令人意想不到，虽然改变仅在方寸之间，但其带来的美丽加分程度却超越百分之百。

需要隆鼻的人，常见的问题有塌鼻子、鼻梁不笔直、外伤需要修补等几类，求诊的年龄层也非常广。

解决方案

一般注射填充物以玻尿酸为多数，但对鼻梁而言，微晶瓷也是相当不错的选择。注射的位置要根据鼻梁的状况调整，有些鼻梁有凹陷的人，除了在山根的部位注射外，还会顺便填补凹陷处，让整个鼻梁看起来更自然。另外，鼻梁的部分也有粗细的分别，有些人只是希望鼻梁能突起，看起来有"一条线"的效果即可；但有些男生则要求线条要粗一些，看起来较有霸气。但是不管是哪一种鼻梁，都需要配合个人的脸型及五官，如果脸很圆再加上很粗的鼻梁，反而会让人看起来笨重，就失去加分的效果。

Focus 注意事项

1.选择一家正规的医疗机构。不要贪图便宜而到一些非法的美容机构，因为注射隆鼻需要很高的技术，选材也需要通过国家质检认证，玻尿酸以瑞蓝玻尿酸为主。

2.实施注射隆鼻前，面部不能有任何的带细菌病灶：如毛囊炎、疖肿、痤疮、急性眼部炎症、鼻窦炎、鼻炎、鼻前庭疮等。

3.注射隆鼻的前一天最好洗澡，当天上手术台前要用肥皂洗去面部的污垢和油脂，尽量减少细菌的数量。注射隆鼻前还应当剪鼻毛和清洁鼻腔。隆鼻前身体有别的疾病的，可能会导致隆鼻后感染及影响伤口的愈合。

4.孕妇最好不要注射隆鼻，以免对婴儿产生不必要的影响。

5.妇女月经时期不能做注射隆鼻，以免造成术后感染。

相关
知识

通常施打后可以立即看出鼻梁的改变，虽然仅是很微小的变化，但鼻梁变得立体后，会让整体的五官更明显，全脸看起来有变小的视觉效果，而且有些打在山根位置的人，眼距变小也会让眼睛有变大的感觉。由于注射的针头通常很微小，注射后不会有特别的伤口。很多人注射后整体变美，但外人却无法指出是哪里不同，算是一种低调、不容易察觉的微整形。

治疗时间：约40分钟
恢复天数：不需要恢复时间
维持时间：6个月
复诊次数：不需要
失败风险：低
疼痛指数：★

06 鼻尖微整形

Bi jian wei zheng xing

{ 主要症状及改善方法 }

鼻头又称为鼻尖，传统认为鼻尖要略微往上翘比较好看，而中国人则将鼻头视为一生的财富，圆润的鼻头在传统审美观里，被认为较具有福相。

鼻尖整形术主要是通过手术的方式纠正先天和后天的鼻尖不正或者鼻尖肥大。通常需要进行鼻头微整形的情况分为两类：一类是鹰钩鼻，需要借注射让鼻头看起来整体往上提，使鼻子较为丰厚、不下垂；另一类则是朝天鼻，可在鼻头较下缘处注射填充物，增加鼻翼及鼻头的厚度，减少鼻孔朝天的不美观。无论是哪一类，大都能通过简单的填充注射达到视觉效果的改变。鼻部整形手术中鼻尖的美观占到整个鼻子美观的80％，如果把鼻子看作是一个"金字塔"样锥体结构的话，那么鼻尖就是这个金字塔最吸引人的"塔尖"。

**解决
方案**

① 传统的鼻头整形

大多数是切除多余的鼻尖软骨，或将鼻翼部分的软骨往中间移，或在鼻头的部位添加一些软骨或硅胶之类长久的填充物。手术后通常需要2个星期左右才会消肿， 3个月之后才会日趋自然。

② 现代的鼻头整形

多采用填充物注射鼻头，相对而言是比较安全的，选择也非常多，胶原蛋白、玻尿酸、微晶瓷都是可以被人体吸收的材质。它们各有特点，因此需视个别需求选择。例如：微晶瓷一剂大约1.3毫升，适合填补量较大的人使用，而一些只需细微填补，不需太多注射量的人，就可采用玻尿酸或胶原蛋白。

鼻头部位通常注射中分子的玻尿酸就已经相当适合，除非凹陷相当严重，才会采用大分子玻尿酸。如果是微调，可仅采用瑞蓝注射，填补的效果会比用大分子更自然。一般注射后，可维持6个月左右，有些人若希望可以维持久一点，可视其忍耐度，在注射时加大剂量。不过医生提醒，这只是一种加量的做法，并不代表玻尿酸的作用期限可以延长很多；此外，增加的填充量还需视个别部位所能承受的容量而定，并非人人都适合这么做。

由于鼻头部位不容易施打，能达到的效果较为有限，且较不容易达到预期效果。医生建议，此时可以搭配肉毒素作为缩鼻翼的辅助，但由于施打部位处于脸部中央，若深浅拿捏不当，容易影响脸部的表情肌，因此施打必须十分仔细，建议寻找有丰富经验的医生，加强施打的安全性。注射时，可以打在鼻翼部位，让肌肉麻痹不动，鼻翼不会被撑大，自然产生缩小的效果。

注意事项

鼻部因为空间较少，因此注射时要评估注射后能增加的空间，若过度地填充，很容易造成血液循环不佳，反而使效果大打折扣，这是手术前就必须特别留意之处。还要提醒鼻子有发炎或长疣等症状的求诊者，必须先完成治疗再施打玻尿酸，以免造成鼻子不舒服或病情加剧。

治疗时间：约40分钟
恢复天数：不需要恢复时间
维持时间：6个月
复诊次数：不需要
失败风险：低
疼痛指数：★

07 瘦脸

Shou lian

{ 主要症状及改善方法 }

有棱有角的脸，总是给人较凶、难以亲近的感觉，匀称的小脸总带给人秀气的感觉，因此普遍受到大众喜欢，而求诊要求改变脸型者也大多以瓜子脸作为范本。

70%的人借着微整形均能实现脸型的微调，只有30%的人问题完全来自于骨骼，要调整脸型就需要削骨来改善。

一般来说，下颌与颈部、下颌与两颊过渡的地方脂肪最易堆积，此外，由于人的咀嚼习惯，两腮肌肉往往比较发达，主要表现为颊脂垫增厚、咬肌肥大、双下巴、面部脂肪过多等，这些都会严重影响到面部的紧致度，给人苍老愚钝、臃肿笨拙之感。

具体症状分类：

1.由于脂肪堆积而造成圆形胖脸。

2.由于血液及淋巴循环不佳造成水分排泄不畅而引起脸部浮肿。

3.由于磨牙及平时咀嚼过于用力而造成脸部肌肉僵硬、脸部轮廓变大。

4.由于脸部表情生硬匮乏，表情肌肉长期得不到足够的锻炼以致萎缩，造成脸颊及下颚出现松弛的现象。

5.由于腰部及脊椎部位骨骼的歪斜造成脸部骨骼也出现轻微的移位，使得脸部看上去肥胖。

解决方案

① 肉毒素注射

针对双颊咬肌，一般会采用肉毒素注射，尤其是肌肉型的国字脸特别容易借此变成瓜子脸。一些颧骨较宽的人，在变成瓜子脸后，整体脸型会有倒三角的感觉，反而不如预期的理想。想要达到理想的效果则需要增加两颊组织的饱满度，注射填充物填满后，再针对下巴强化下半脸的长度比例。

② 吸脂瘦脸

在脸部皮肤下方靠近颜面骨的地方开一个小口子，如果脸部太过肥胖，开口则改在耳下。然后插入小管吸出多余的皮下脂肪，使脸颊和下颚更加立体。脸部抽脂必须特别小心，因为抽取过多脂肪，脸部肌肤反而更容易失去弹性和快速衰老。适合的人群主要是正常的面颊有轻度凸起的人。如果是因为肥胖造成了圆脸等情况，则不适合微整形，而要通过面部吸脂手术祛除多余的脂肪。

辅助的方法

利用刮痧技巧，沿着脸部和颈部的淋巴处轻刮，帮助气、血、水循环顺畅，不仅有基本的舒缓放松肌肉的效果，也有助于肌肤吸收保养品成分。

以螺旋手法轻刮，由眉心沿额头中线往上刮至眉尖；再由眉心往上画圈刮至额角及太阳穴，两边重复1～2次。以螺旋方式由鼻翼侧边往斜上方画圈轻刮至太阳穴下；再由嘴角往斜上方画圈轻刮至颧骨下，两边重复1～2次。以下巴为起点，沿着颌骨上方，以画小圈方式往斜上方轻刮至耳垂前方，左右各重复1～2次。最后以眉头为起点，沿着鼻梁侧边，由上往下画小圆圈轻刮至鼻翼，左右各重复1～2次。其作用为淋巴引流，助排水，塑造小脸。

注意事项

面部吸脂需要注意以下事项：

1.手术后的一周内禁止性生活。

2.手术之后保持面部的清洁。这期间应停止运动，注意保证足够的休息，流汗对伤口恢复也会有影响，所以需要对面部吸脂的伤口经常消毒。

3.在进行术后护理的过程中，禁止食用辛辣、有刺激性的食物，禁止抽烟或者饮酒，术后应多吃一些水果和清淡的食物。

4.面部吸脂手术后的7天内，需要经常进行脸部护理，可以采用热敷的方法，但是为了防止脸部被烫伤，热敷的时间不应太长，一般在5～10分钟即可，而且温度也不应过热。

08 性感苹果肌

Xing gan ping guo ji

  "苹果肌"的位置是在眼睛下方2厘米处的肌肉组织，呈倒三角形状，又称为"笑肌"。当我们年轻的时候，苹果肌表现明显，微笑或做表情时会因为脸部肌肉的挤压而稍稍隆起，看起来就像圆润有光泽的苹果，因此叫"苹果肌"。

{ 主要症状及改善方法 }

  饱满的"苹果肌"可以让脸颊呈现出如苹果般的曲线，即使不笑，看起来也像在笑的感觉。微微一笑，感觉更为甜美。反之，很多漂亮女人，就算五官长得很细致、皮肤也不错，但只要脸上少了"苹果肌"，就会呈现过度瘦削的面相，让人有难以亲近的感觉。

苹果肌凹陷的原因主要是先天遗传或者后天衰老造成苹果肌变小。

1.先天因素： 先天脸部骨骼的支撑不足，即颧骨部位陷没，表现为颧骨宽且平、上颌骨前凸如暴牙状、泪沟法令纹明显等，此类问题多是遗传造成，严重时需要依靠手术解决。

2.后天因素： 苹果肌在婴儿期及年轻时会特别的发达、明显。随着年龄的增加，肌肤的胶原蛋白和脂肪流失，苹果肌逐渐凹陷、下垂，就会显得苍老、无神，泪沟法令纹等加深，容貌迅速显得老态。

解决方案

① 注射填充物

目前并无特别的规范，玻尿酸、微晶瓷、胶原蛋白，甚至是硅胶均可填充在苹果肌的位置。但是，苹果肌是一个需要有柔软度与弹性的位置，以往常见有人在苹果肌位置施打硅胶等填充物，虽然维持时间较为长久，但是皮肤经过岁月的耗损后，容易变薄，此时永久的植入物会变得跟脸无法融合，造成不自然的现象。

现今填充物大多以玻尿酸为主。施打后除了能将脸部的线条往上拉，以及矫正黑眼圈外，也能部分改善泪沟；若是再辅助小分子玻尿酸注射，效果会更好，其他如法令纹也可借此变浅。

② 自体脂肪移植

一般而言，利用自体脂肪移植，可以让效果维持得久，手术时只需从脂肪较多的部位抽取几毫升的脂肪，再注入"苹果肌"的位置就可以了，手术过程只需局部麻醉。人的脸庞太平，脸部表情就显得严肃，因此只要填补一些脂肪，稍微扩充颧骨较高的部位，顺势制造出"苹果肌"的效果，脸部线条顿时就变得柔和。

辅助的方法

免打玻尿酸打造苹果肌的简单步骤：

1.轻蘸少许腮红，先将粉末均匀地刷在手背上，降低笔刷上的颜色浓度。

2.面对镜子微笑，将腮红以U形手法轻刷在肌肉至高处。借着重复轻刷，调整腮红妆感。刷腮红时，切忌下手过重，最好通过反复轻刷渐进式地调整妆感。

3.轻蘸少许珠光蜜粉，大面积包围刷在腮红外侧，提亮脸颊明亮度。再借着重复轻刷，调整提亮效果。

> *Focus*
> ### 注意事项
>
> 1.面容显老或显严肃有不同的原因，可能是脸型原因，也可能是皮肤组织流失，也可能是皱纹原因，要咨询专业医生。
>
> 2.塑造苹果肌，最高位置打得太低或量打得太多，反而会让脸看起来臃肿。因此，选择经验丰富的医生非常关键。

治疗时间：约40分钟
恢复天数：不需要恢复时间
维持时间：6个月
复诊次数：不需要
失败风险：低
疼痛指数：★

天庭饱满
Tian ting bao man

所谓"天庭饱满",是指额头上、中、下部都长得宽大、均匀且较突出。一般来说,前额之上部主推理、中部主记忆、下部主直观,三者均匀而饱满,说明人的智力发展有很好的生理基础。从中医学上看,额头主"火",额头上的气色可显示心脑血管的健康状况。

近年来随着审美观的改变,许多漂亮的年轻美眉也开始对"天庭"斤斤计较起来,时尚派对里的名媛常把头发往后梳,露出漂亮的额头,给人圆润、富贵的时尚气质,由此掀起天庭微整风。

{ 基本症状及原因 }

额头太小或呈扁平甚至凹陷状，就会给人一种精神不振的感觉。要是额头中间部位看起来深凹进去的话，还会给人沉重、郁郁寡欢的感觉。额部的不饱满，大多是先天遗传。另外，白种人大多额头高耸，而黑种人的额头则多数像刀削一样向后倾斜。中国的北方人，额部大都很饱满，而南方人中则有不少人额头向后倾斜，上颌向前突出，下颌后缩，不符合现代美学标准。此外，也有部分人因为外伤导致额部凹陷不平整，或者是因为颅脑手术造成额骨缺损。

解决方案

1 玻尿酸注射

在注射产品的选择上，玻尿酸占市场九成以上，由于其效果立显，因此深受爱美者的喜爱。玻尿酸本身有分子大小的不同，因而有不同的填充功能。不少求诊者认为只有注射某种分子才能达到填充效果，其实是不正确的。采用不同分子的大小主要取决于纹路深浅及组织的凹陷程度，一个部位要依形态、组织厚薄、填充深度去做评估，甚至可能需要同时用到大小不同的分子，填充后才能达到满意的效果，因此分子的选择并不是绝对的。

2 自体脂肪注射

如果额部凹陷不是很严重，可以抽吸自己的脂肪，经处理后注入凹陷部位。自体脂肪的优点是属于自体组织，缺点是需要在身体的其他部位抽取脂肪，而且自身有一定的吸收量，需要两次甚至多次补充注射。

③　注射胶原蛋白等填充物

此法优点是简单，创伤很小，不影响工作。维持时间半年到两年，适用于比较小的缺陷。

注意事项

　　使用玻尿酸后建议多补充水分。要注意避免使用精油，因为术后脸部多少会有细微的小伤口，使用精油容易刺激伤口，最好1～3天后伤口恢复再使用。

相关知识

　　额部美学标准：额部平坦，微向上突起，并柔和平稳地过渡到鼻根部，其弧度优美流畅，所形成的鼻额角为135°左右，从额部至鼻尖形成一条柔和自然的"S"形曲线，使容貌呈现出起伏有致的曲线美。

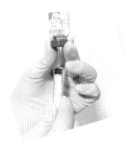

治疗时间：约40分钟
恢复天数：不需要恢复时间
维持时间：6个月
复诊次数：不需要
失败风险：低
疼痛指数：★

10

可爱的下巴

Ke ai de xia ba

就通常意义而言，下巴并不属于五官范围之列，但它对脸部的轮廓线条却有着至深的影响。如果将脸庞比作一篇文章，那么下巴就好比文章收尾的那段，下巴匀称漂亮，收尾收得好，即使脸部五官平平，流畅均衡的脸廓线条也会给人以清朗悦目之感。若下巴有外形缺陷，收尾收得粗陋不佳，则会破坏脸面的光彩，为整个脸部形象添上败笔。

理想的下巴约占整个脸长的六分之一，从侧面看，与眉心在同一垂直线上。

{ 基本症状及原因 }

1. 下巴过长，易给人以冷傲、不亲和的感觉。

2. 下巴过短，会使整张脸在视觉效果上呈现比例失调的尴尬。

3. 从侧面观察，下巴和眉心不在同一垂直线上，而明显在垂直线前，即为翘下巴。翘下巴的整个脸部线条从侧面看起来有点像弯弯的月牙儿，显得轻慢有余而端庄不足。

4. 宽下巴给人温和稳重之感，但同时也稍嫌拘谨、笨拙。

5. 随着年龄的增加或肥胖，容易造成下巴脂肪堆积或肌肉松弛，从而变成肉鼓鼓的双下巴、三下巴，不仅本身毫无美感可言，而且常常会给人留下平庸、自控力不佳、缺乏锐气的不良印象。

解决
方案

① 填充物注射

下巴的注射作为脸部微调不可或缺的一环，一般会辅以填充物做改善。下巴与脸颊不同，不需要膨胀产生的饱满感，加上空间有限，营造的感觉偏向硬、挺，因此除了玻尿酸外，建议选择微晶瓷或爱贝芙等。一定要根据个人的脸型和气质，选择适合的手术方案，塑造出和谐的脸型。

② 注射溶脂针

主要针对肥胖引起的双下巴，方法是将含有瘦身成分的液体直接注射入人体的皮下脂肪层，将皮下脂肪溶解。当药物通过皮下组织时，刺激局部脂肪细胞内的脂肪酶数量增加，继而刺激蛋白质的活化，使细胞内的脱氧核苷三磷酸转化成脱氧核苷酸，促使脂肪活化而切断脂肪酸，使其分解成细小结构，随着身体的新陈代谢由淋巴系统排出体外。

注意事项

1.溶脂针在使用中具有很高的安全性，至今尚未发现严重过敏反应。但是任何一种药品面对具有个体差异的患者均不能保证绝对无副作用，对此患者应予以充分理解。

2.注射溶脂针后24小时整脸不要沾水或被污染，不要使用化妆品，不要剧烈运动。

3.使用溶脂针后72小时不得在注射部位及周边部位涂抹外用药物，以及其他刺激性用品。

4.使用溶脂针的年龄段为20～65岁，注射后起效时间为3～14天，注射后，维持时间一般在3～24个月不等，因个人体质原因，手术效果和维持时间会有所差异。

5.注射溶脂针后一周内不饮酒，不吃刺激性食品、海鲜等；尽量注意正常饮食，不要暴饮暴食，不可吃多脂多糖的食物，注意加强运动增强体质。

相关知识

若是因为齿颚的关系影响脸型，也可以借牙齿矫正做改善。若本身下巴较突出，上颚较倾斜，也可以尝试利用丰上唇的方式，强化上唇的线条，让下巴看起来有缩短的效果。

有福的耳垂

You fu de er chui

　　耳垂是耳廓的一部分，为耳轮下面柔软的部分，又名耳坠、耳垂珠。

　　中医认为：耳垂是肾之仓，丰满、圆润的耳垂是身体健康、生命力旺盛的象征。古人更是将耳大作为有福气、吉祥、富贵的征兆，想必也是包含了耳垂在内了。丰满、圆润的耳垂辅以各种饰品，可以点缀女性的柔美，但小耳垂或者无耳垂的人却没有这个福气了。人的耳垂是修饰耳朵最多的地方，耳垂太小就会显得耳朵不协调。

解决
方案

现在，小耳垂或者无耳垂的患者可以通过注射胶原蛋白的方式，快速实现耳垂丰满。当注射凝胶进入耳部组织后，可与人体组织良好地融合，持久地停留在耳部注射部位，且可以刺激人体自身的胶原蛋白再生，填充耳部，塑造丰满逼真的形态。

医生会根据患者的脸型、体型等综合因素，先设计好耳垂轮廓，再将玻尿酸注射到耳垂部位，来达到增大耳垂的目的。这种方法不用开刀，术后无疤痕，效果立竿见影，主要针对耳垂小、薄的求美者。

耳垂部位只有软组织，没有任何的骨组织、软骨组织，因此填充软组织就能改善耳垂形态。自体脂肪是最好的软组织填充材料，无排异性，填充后耳垂形态自然，不过，需要多次注射才能达到理想效果。

注意事项

玻尿酸丰耳垂后的护理工作：

1.在注射后6小时内，请避免接触注射区域。

2.建议玻尿酸丰耳垂后48小时内配合冷敷（冰面膜），做好保湿工作，同时请勿再按压施打部位，才能有良好的成效。

3.玻尿酸丰耳垂后，会有轻微发红、肿胀、瘙痒的现象，注射部位有柔软的触感，这是正常现象。不适的情形通常会在几天后消失。如这些现象一直持续或有其他反应发生，请立即询问主治医生。

4.初期肿胀及发红症状消除前尽量不要泡温泉、游泳或晒日光浴。

5.如果近期有服用阿司匹林或其他药物的情况，会有增加注射区域瘀青或流血的可能性，需暂时停用，等恢复后再继续服用。

12 收紧下颌缘

Shou jin xia he yuan

下颌缘是指下颌角的边缘，是下颌角和下颌之间的那一段弧线。

{ 基本症状及原因 }

下颌角肥大一般以双侧为多，单侧的也不少见。其成因有两方面：一是下颌骨角部的骨性肥大；二是咬肌过度发育凸出于两侧腮部。想要拥有瓜子小脸，可以通过下颌角磨骨手术、下颌缘加咬肌注射治疗，或是祛除咬肌的手术来实现。

解决
方案

肉毒素注射

肉毒素通过阻断神经的方式，使肌肉失去作用，却不影响肌肉本身的平滑与自然，因此需要专业的医生施打。注射时的痛感不大，除非本身很怕痛，否则不需另外上麻药，治疗过程10～15分钟即可完成，注射后一般仅需4小时就可恢复，8小时后即可正常活动。但是，不要平躺，不要剧烈运动，不去泡温泉或进入桑拿间等场所。注射3～5天后即可慢慢见到效果，经过2～3个月后看起来最为自然。

肉毒素注射的疗效是暂时的，一般可以维持3～6个月，随着肉毒素在体内代谢，它对肌肉活动的抑制作用也渐渐消失，这时就要再次施打。

13 颞部填充

Nie bu tian chong

　　颞部位于头两侧、双眼后方、颞骨上方，就是我们俗称的太阳穴。
相关的血管有颞浅动脉和颞浅静脉。

{ 基本症状及原因 }

颞部发育不良主要以颞肌发育不良为主，表现为颞顶骨脊与颧弓之间不够饱满，甚至向内凹陷，这种情况大多数时候伴有颧弓过宽，因此颞部会显得更加凹陷。

颞部丰满一直被认为是福相，而颞部凹陷会影响人们脸型上半部分的轮廓，给人的感觉是头小脸大，有一种尖酸刻薄感。颞部整形很容易被忽视，但它可以给整个面部带来显著的改善，让脸部看起来更圆润丰满。

解决方案

❶ 玻尿酸注射

玻尿酸颞部填充的效果非常好。玻尿酸是皮肤当中最重要的保湿成分，它是一种胶状的物体，里面吸饱了水，注入皮肤真皮层，不仅可以让皮肤恢复水嫩，也可以使得皮肤的弹力纤维和胶原蛋白充满水分，恢复弹性。

❷ 自体脂肪注射

将受术者脂肪较丰厚的部位，如腹、臀、大腿或上臂等处的脂肪，用湿性真空吸脂方法吸出，处理成纯净脂肪颗粒后，注射植入凹陷的太阳穴内，以改变太阳穴形态，让脸部变得饱满、丰盈。

注意事项

自体脂肪注射注意事项：

1.术前进行体检，确保自身身体健康、精神正常，并能正确看待手术的效果，且无严重器官疾病、无出凝血疾病、无糖尿病、手术部位无局部感染病灶、无免疫性疾病及神经运动功能障碍。

2.手术前半月禁服抗凝血药物及阿司匹林。

3.女性患者尽可能避免月经期手术；术前洗澡，保持清洁。

相关知识

玻尿酸颞部填充一般只做血常规检查。对受术者来说，最重要的是把自己的想法明确地告诉医生，就手术材料、术中、术后情况与医生做详细的沟通，明确填充厚度，标记填充的范围。通常玻尿酸颞部填充不会水肿，不需要恢复期，利用午休、周末即可进行，只需短短几分钟就可轻松改变脸型。

治疗时间：5~10分钟
恢复天数：不需要恢复时间
维持时间：5~7个月
复诊次数：1次
失败风险：低
疼痛指数：★★

14 性感双唇

Xing gan shuang chun

　　唇是脸上最性感的部位，不仅是因为它的外观，也因为它能让我们去表达，去感受。嘴唇的纹理决定了嘴唇的魅力。我们薄薄的皮肤和体内透明的黏膜极易受到伤害，而唇部的皮肤厚度只有身体其他部位的1/3，由于唇红缘没有汗腺和唾液腺，因此它的湿润度全靠局部丰富的毛细血管和少量发育不全的皮脂腺来维持。嘴唇本身不具有黑色素，没有自我保护功能。因此我们需要加倍呵护唇部，以保持它的柔润和光泽。

　　嘴唇周围的肌肉是身体唯一的死肌，如果不进行很好的护理，嘴角四周很容易出现明显的皱纹。

若说双眸是灵魂之窗，毫无疑问红唇便是情欲之形；虽说会放电的眼睛可以勾魂，但令人想一亲芳泽的嘴唇更是性感无比。风味独具的时尚女郎，脸上最让人印象深刻的五官，不外乎就是眼睛和嘴唇，难怪这"两官"是化彩妆时最被重视的部位，也是女性愿意投资打点的指标区。

{ 美唇的标准 }

近年来，不论是宋慧乔，还是安吉丽娜·朱莉，或是媒体上随时可见的唇彩广告模特，都有线条利落、轮廓丰满而立体的唇形，再搭配上娇艳欲滴的唇膏、唇彩，就演绎出了非凡的魅力。这样的嘴唇是18~25岁女孩最渴望拥有的美丽印记。

完美、比例好看的唇形，必须有明显的人中，而且在静态时，上下唇很自然地闭合衔接，或微微看到上下门牙的边缘。虽然美唇的厚度因人而异，但给人健康印象的唇形，必须饱满红润且只有浅疏的皱纹可见。

解决
方案

对于不是过敏体质的人来说，玻尿酸注射就是一个不错的丰唇选择。

在修饰唇形时，使用1万粒子/毫升的中分子玻尿酸是修饰完美度和效果持久性两相权衡下的最佳选择。若再搭配上嘴角注射肉毒素，让嘴角上扬，整个手术只要一顿饭不到的时间就能完成，不留疤痕，不用恢复期。不过效果维持时间较短，只有半年左右。

记得术后第7天必须复诊，和医生确认恢复状况与治疗效果，必要时也可以及时做进一步的小幅度修饰，让效果更完美。

辅助的方法

1.每天刷牙时，可顺便用牙刷将嘴唇轻轻刷一下（注意要在唇部没有伤口的情况下），这样不仅有助于祛除嘴唇表层死皮，唇部颜色也会更显红润，而且涂抹口红时，会比较容易上色。

2.嘴唇非常干燥又找不到护唇膏时，在唇上涂些奶油或蜂蜜就有很好的护唇效果。

3.唇部肌肤有破裂的现象时，可用软膏仔细搽在破裂处，不但伤口比较容易愈合，而且有止痛的效果。

4.夜晚睡前可直接涂抹厚厚一层凡士林于唇部，效果如同唇膜，隔天起床后唇部肌肤依然柔软滋润。

5.日间可以选择具防晒效果的护唇膏，以防止紫外线造成唇部肌肤老化加速。

6.有比较明显的松弛、皱褶问题产生时，应选择含有积极除皱纹效果的抗皱霜，通常这类保养品含有维生素A衍生物、抗氧化成分（如帮助代谢角质的水杨酸等成分）。

相关
知识

一般来说，上嘴唇的厚度为5～8毫米；下嘴唇的厚度为10～13毫米；嘴唇横径：男性为4.5～5.6厘米；女性为4.2～5.0厘米。上唇唇红线高7～8毫米，下唇唇红中线高10毫米。超过标准厚度的上唇和下唇，即可称为厚唇。但是这些数据并非绝对。美学之父鲍姆嘉通认为："完美的外形就是美，相应不完美的就是丑。"比例适度、均衡协调才为美。容貌美也是一样，五官端正、协调成比例是容貌美的标准。嘴唇的美取决于许多因素，唇部的美必须建立在与面部各器官协调的基础上。樱桃小嘴配方脸阔鼻不美，而过度肥厚的口唇在眉清目秀的脸上也不太相称。

15 唇珠

Chun zhu

　　上唇的唇红线呈弓形称为唇弓，正中线稍低并微向前突起的位置称为人中迹（人中切迹），在其两侧的唇弓最高点称为唇峰。上唇正中唇红呈珠状突，称为唇珠。唇珠可使唇形生动，立体感强，对于较平的上唇，再造唇珠后美容效果十分明显。

{ 主要症状及原因 }

　　有唇珠的嘴唇，微闭微张时唇珠非常的明显，两唇之间的弓形弧度非常的美。没有唇珠的人，微闭的时候两唇之间没有任何弧度，呈直线状态。

解决方案

1 V－Y唇珠成形术

（1）将上唇上翻，显露唇系带。

（2）在系带上的唇黏膜部做V形切开，直达肌肉层，形成一个三角形黏膜肌肉瓣。

（3）将成形的三角形黏膜肌肉瓣向上移位，并行Y形缝合。

（4）在唇移行部和黏膜部之间形成一个明显突出的唇珠。

2 Z唇珠成形术

（1）唇裂修复术后有时上唇厚度不对称，按Z成形原则，将厚唇处转移到上唇中心，形成唇珠。

（2）按上述原则设计Z形移位的两个三角瓣，切开达肌肉层。

（3）将切开成形的两黏膜肌肉三角瓣互相移位后缝合。

（4）加压包扎24～48小时。

3 注射玻尿酸

通常注射丰唇珠后你可能会发现唇部有发红、肿胀、疼痛，或者皮下瘀血的情况，注射部位会有较柔软的触感，这些情况一般会在一周后自动减轻。

16 嘴角上扬

Zui jiao shang yang

{ 主要症状及原因 }

　　很多需要改善嘴角下垂问题的人，都是从年轻时候就开始承受很大的工作压力，甚至连睡觉都处在紧张状态，长时间下来自然就会有一张"扑克脸"。嘴角下垂的原因很多，有些是因为年龄增加和天生下垂，不过更多人是因为不良的表情习惯，导致肌肉过度紧张所引起。

　　如果你觉得微笑的效果不能让人满意，不管怎么练习，笑起来就是很别扭，甚至比不笑更糟糕，又或者是下垂症状已经造成心理或社交等不便，不妨和整形医生讨论一下，究竟是外科手术还是微整形注射比较适合自己。

解决
方案

　　针对嘴角下垂的肉毒素微整形，通常以不超过5~10个单位为原则，必要时可以搭配少许玻尿酸做填充辅助，就能够发挥小兵立大功的效果，轻松便捷地创造自然、柔和、亲切的面部表情，拓展开朗愉悦的人际关系。治疗成败的关键，在于谨慎掌握剂量和注射位置，过多的剂量很可能会让患者变成表情僵硬、不自然的"木偶脸"。

Focus

注意事项

　　肉毒素注射后，3~7天就会有明显的效果，并且可以维持4~6个月的时间。因此建议在术后第7天复诊，一方面和医生确认效果与恢复状况，必要时也可以及时进一步小幅度修饰，让效果更完美。

治疗时间：10~20分钟
恢复天数：3~7天
维持时间：4~6个月
复诊次数：1次
失败风险：低
疼痛指数：★

17

颈部松弛

Jing bu song chi

颈部指头与胸间的膜质部分，上界即头部的下界，为下颌底、下颌角、乳突尖、上颈线和枕外隆凸的连线；下界为颈静脉切迹、胸锁关节、锁骨上缘和肩峰至第七颈椎棘突的连线，以此线与胸部、上肢分界。

{ 颈部松弛的原因 }

1.紫外线影响

包括日晒和电脑辐射，随着年龄的增加而加深影响，皱纹可能非常明显。

2.无数次抬头、低头的动作

抬头与低头等习惯性动作总在人们不经意中无数次重复，颈部表皮很容易因挤压而出现痕迹，时间一长，皮层较薄的颈部就有了皱纹。而且，一旦皱纹产生，便很难将之消除。

3.颈部缺水

颈部在人体学上是一个"多事三角区"，颈部肌肤十分细薄而脆弱，颈部前面皮肤的皮脂腺和汗腺的数量只有面部的三分之一，皮脂分泌较少，难以保持水分，更容易干燥，所以很容易产生皱纹。

4.外界环境影响

秋冬季节，气候干燥，风沙较大，也容易使颈部干燥起皱。

5.皮肤的日光老化

颈部皮肤的衰老，也是皮肤日光老化的一面镜子，将岁月在人们皮肤上留下的痕迹不露声色地展现出来。在人们意识到皮肤日光老化的同时，也就知道了自己护肤的效果。因为，当一个人对面部皮肤的护理多于对颈部皮肤的护理时，就自然会感叹护肤与否真的差别太大。

解决方案

① 光波拉皮

3D立体光电波拉皮具有免开刀、免流血、安全性又高的特性，施打后热能传递启动成纤维细胞的增生，使胶原组织重新排列，进而令皮肤达到紧致的效果，同时也能提拉及消除皱纹，其成效直逼施打肉毒素，能让进行治疗的部位有明显的塑形疗效。

用光波拉皮治疗时痛感极低，甚至不需要上任何麻醉，因此也有人称其为无痛拉皮。治疗时，仅需要在治疗部位抹上凝胶，即可进行治疗。通常医生将能量控制在七八分，采用中等的频率，每次治疗间隔1~2个月，完整的疗程约耗时1年。虽然时间较长，但是恢复期短、安全性高，术后仅需要注意保湿、防晒，表面不会有任何伤口，有些人治疗后肌肤会有明显的紧实、光亮感，也会更有弹性。

2 Thermage热玛吉除皱紧肤技术

又称时光雕塑疗法，其作用原理主要就是利用专利性的治疗探头将高能量的高频电波传导至皮肤层，引起胶原蛋白收缩，达到除皱紧肤效果，并刺激新生皮肤中的胶原蛋白持续增生，以达到长效的皮肤提拉与紧致。

3 微针导入（美速疗法）

运用微针滚轮刺激皮肤，做出大量微细管道，令活性成分有效渗入皮肤。细微滚动针刺的同时，还能刺激真皮层胶原蛋白及成纤维细胞的增生。此种微创使用比30G细针还小的"微针"进行微刺动作，不仅"微创伤"愈合迅速，而且不留疤痕。换言之，直接将细胞生长肽基因活性成分及多重营养元素，经由非常细小的针孔于不同深度的肌肤细胞快速渗透。这些微创并不会造成皮肤过大的伤口与负担，在修复时期，还能够活化细胞，促进胶原蛋白及弹性纤维增生，以填补凹洞、淡化痘疤色素，也能够让皮肤细胞通过微细管道直接吸收皮肤需要的基因活性成分，吸收效果接近百分之百。因此微针导入能针对个人需求给予不同的配方，使肌肤由内而外地重生，彻底改善肤质。

4 口服胶原蛋白

胶原纤维经过部分降解后得到的是具有较好水溶性的蛋白质，胶原蛋白是一种生物性高分子物质，它可以补充皮肤各层所需的营养，使皮肤中胶原活性增强，有滋润皮肤、延缓衰老、美容、消皱、养发等功效。《肽营养学》（北京大学公共卫生学院营养与食品卫生学系教材）一书提出，分子量在1000道尔顿以下的胶原蛋白无需分解即可被人体直接吸收，在口服吸收及外用护肤方面效果明显。

Focus

注意事项

1.Thermage热玛吉治疗注意事项：

（1）如果你在最近半年内，在治疗范围内注射过玻尿酸、胶原蛋白，请事先告知医生。进行治疗时，身上严禁佩戴任何金属物品；

（2）有心脏疾病、装置有心律调整器的人或孕妇，不建议进行热玛吉治疗；

（3）治疗前后都应保持皮肤、毛发部位清洁卫生，治疗当天不能化妆，以前化妆的痕迹要尽量祛除；

（4）热玛吉治疗后有暂时的红肿现象发生，这是很正常的。注意术后1周内不要去桑拿、热瑜伽等高温环境，并且不建议暴晒。

2.微针美速疗法注意事项：

（1）微针美速治疗期间少吃辛辣刺激性食物，不喝色素浓的饮料，避免阳光照射、电脑辐射，不涂抹刺激性的化妆品。做美速的前后12小时内不沾水，治疗期间避免蒸桑拿，多吃含维生素C的食物；

（2）严重心脏病发病期，高血压、高血糖、血凝机制差、神经系统紊乱、疤痕增生性皮肤者慎重选用。对蛋白质和金属过敏者也要谨慎选用。

相关
知识

1.大分子胶原蛋白进入人体后需要降解为分子量小于1000道尔顿的胶原蛋白、肽、氨基酸才能被人体吸收，真正有效吸收的成分并不多。

2.通常不建议孕妇服用胶原蛋白产品，因为孕妇是需要高度保护的对象，服用任何药品、营养品都需要注意。但目前还没有孕妇服用胶原蛋白引起不良反应的报道和科学权威文章表述。

3.从猪、牛身上提取的胶原蛋白可以滋养皮肤，保持皮肤弹性、不粗糙，但含有大量脂肪，口服这类胶原蛋白容易发胖。因此建议服用鱼胶原蛋白，它不含脂肪，不会引起身体发胖。

4.采用先进技术生产出来的

鱼鳞胶原蛋白不含任何脂肪和嘌呤，优于鱼皮胶原蛋白：其水分、脂肪、糖分、残留均低于鱼皮胶原蛋白，另外鱼鳞胶原蛋白含的羟脯氨酸肽段的序列更全面，所以营养更综合、更全面，和人体的亲和性最好。

5.及时补充维生素C，可保护细胞不受紫外线伤害及中和游离自由基，有助于合成胶原蛋白，可改善皮肤皱纹及松弛现象。

6.即使是冬季，防晒依然很重要，90%以上的皮肤松弛及皱纹是由于阳光暴晒所致，故每天出门前半小时涂SPF25以上的防晒霜保护皮肤，可有效预防肌肤出现松弛现象。

治疗时间：20分钟~2小时不等
恢复天数：若有红肿需3~5天
维持时间：2年
复诊次数：3~4次
失败风险：中
疼痛指数：★★★

18 眉弓塌陷

Mei gong ta xian

　　人的眼睛处在一个似半球形的洞中，而眉弓就是这个洞与额骨转折的那个半弯形的边，它处在眼球上方，在眉毛偏下方，是转折时不得不形成的一个边，形状像弓所以叫眉弓。

{ 主要症状及原因 }

　　眉部形态好看与否决定了整个面部的和谐美，而眉骨的高低影响着眉部形态。当眉骨过低时，就会感觉眼睛像金鱼般凸出；当眉骨过于平坦时，整张脸看上去就缺少立体感。眉部形态主要取决于眉骨的基础，即额骨的眉弓部分的发育情况。

不是所有人都适合隆眉弓，下面的情况适合进行隆眉弓：

（1）眉弓低平或凹陷者；

（2）眼部较突出，眉眼无立体感者；

（3）隆眉弓手术失败者。

解决
方案

1 玻尿酸注射

玻尿酸注射隆眉弓是针对不完美的眉弓形态而进行的一种微整形美容方法，能有效针对眉弓低平、眼球凸出等常见缺陷进行立体塑形，对于不想在脸上动刀子又想变漂亮的人来说是最佳的选择。玻尿酸被誉为美容界的宠儿，其原理主要是利用其透明质酸多糖分子结构能与人体中的水分子充分结合的功效，进而解决眉弓低平或凹陷所带来的不美观感，且因透明质酸原本存在于人体关节腔内，充当润滑剂的成分，故用其注射隆眉弓后效果自然。

2 爱贝芙

爱贝芙是全球唯一能刺激人皮下胶原蛋白产生的产品，其富含的PMMA球蛋白能不断刺激胶原蛋白的新生，支撑起皮肤不再凹陷，达到塑形的效果。

3 自体脂肪注射

自体脂肪注射隆眉弓主要是提取人体大腿内侧或腹部较为稳定的脂肪细胞，进行筛选，并根据自体脂肪细胞移植永久稳固存在的特性，实现注射隆眉弓。术后一定要加压12小时，保证手术部位清洁，避免进食刺激性食物。

注意事项

以下人群不适合隆眉：

1. 年龄在18岁以下者。

2. 局部有炎症或感染性皮病患肤者。

3. 对药剂成分过敏者。

4. 术前使用了抗凝血药物者。

5. 孕妇或哺乳期女性。

6. 正在服用肌肉松弛药剂者。

7. 严重高血压、糖尿病、心脏病患者。

8. 疤痕体质者。

9. 血液疾病的患者。

10. 精神疾病的患者。

相关知识

治疗者在隆眉弓术前、术后都要了解一些注意事项。另外，有过重大疾病史的不适合此手术，容易造成一定的疾患，所以一定要在隆眉弓术前将病史如实地告知医生。

治疗时间：约40分钟
恢复天数：不需要恢复时间
复诊次数：不需要
失败风险：低
疼痛指数：★

鼻翼肥厚

Bi yi fei hou

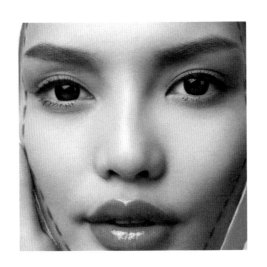

鼻翼是鼻尖两侧的部分，由皮肤、皮下软组织及软骨组成。所谓的鼻翼肥厚就是人们俗称的"蒜头鼻子"，让人看起来非常的笨重、不精致，与五官搭配也不是很协调。

主要症状及原因

蒜头鼻的问题在于鼻头部皮下脂肪和纤维组织厚，鼻翼软骨增生，两侧鼻翼软骨分开的角度过大及外侧鼻翼软骨后缩。鼻翼肥厚多见于黄色人种及黑色人种，鼻翼肥厚往往同时伴有鼻翼下垂。

从正面看，其轮廓线起自眉弓，沿鼻骨、鼻侧软骨、鼻翼外缘，经鼻翼沟，止于鼻翼与上唇的结合点时向内略倾斜，亦形成一个光滑的"S"形曲线。

解决方案

1 手术调整

如果是软骨组织本身大，就切除多余的鼻尖软骨，如果是皮下脂肪和纤维组织多，情况要复杂一些，软骨和肌肉都要调整，必要时还要动鼻翼和鼻尖。两侧鼻翼软骨分开的角度过大，可利用缝合方式改善，但是，鼻尖的高度不能超出自身所能承受的范围。

鼻翼肥厚手术的切口通常位于鼻翼沟及鼻翼游离缘内侧，手术从纵横双向切除部分鼻翼组织，纠正鼻翼长度，缩小鼻孔周径。

2 肉毒素注射

肉毒素作用于胆碱能运动神经的末梢，以某种方式抵抗钙离子的作用，干扰乙酰胆碱从运动神经末梢的释放，使肌肉纤维不能收缩而使肌肉松弛，以达到缩小鼻翼的目的。

相关知识

1.蒜头鼻整形手术后鼻部的包扎非常复杂，鼻腔内部都要进行包扎，特殊情况下还要用夹板进行固定。

2.术后，患者要尽量少打喷嚏，因为术后鼻腔内会塞有很多纱布、棉布等，这些东西都可能在打喷嚏的时候一同喷出来。

3.术后24小时内常常会出现眼鼻酸肿的状况。术后尽量不要服用止痛类的药物，因为止痛类药物会加重手术部位的出血。

4.术后短时期内，由于器官的肿胀，还有鼻部的包扎，单纯靠鼻孔来呼吸是非常困难的。患者要尽量用口来进行呼吸。由于人的口鼻眼是互相牵连的，所以术后一周内眼部会出现酸痛的情况。一般来说，肿胀在两周后就会消退。

治疗时间：约40分钟
恢复天数：不需要恢复时间
复诊次数：不需要
失败风险：低
疼痛指数：★

20 纹唇

Wen chun

{ 主要症状及原因 }

　　唇部的主要问题有：先天性唇形不理想，唇峰不明显；唇红线不清楚，有断裂或缺损；唇缘严重缺损不齐，唇薄，长短不成比例；因贫血、心脏及循环系统病变会造成唇部的色泽明显暗淡无华。

解决
方案

　　手术前应先勾勒出唇廓线。应先标出五个标记点，即唇谷（中心点）、唇峰（两侧最高点）和唇坡（两过标志点），以便检查两侧高低、间距是否相等，上下唇厚度比例通常为8：10。

纹唇应遵循宁淡勿浓、宁窄勿宽的原则。纹唇的形状和颜色的选择要因人的年龄、肤色、职业、气质而异。

注意事项

1.纹唇使用的器械应严格消毒，避免造成感染及其他传染病，术后应注意抗菌消炎，同时要减少各种刺激。

2.唇部神经末梢及毛细血管丰富，敏感性强，故手术时需进行表面麻醉，以免疼痛时唇部颤抖影响手术操作。

3.唇部的组织疏松，纹唇液很容易弥散，造成颜色不均匀，形成斑片状的改变，一旦出现这种情况，则难以纠正。

4.纹唇有一定的局限性，它限制了唇部色泽的变化，且光泽性差，加上纹唇液中含有一定的有害原料，长久刺激易产生不良作用，导致其他病变。

5.纹唇应慎重选择一个医疗设备配套、技术条件完善的医院或美容院进行，以便重新塑造出一副漂亮动人、富有魅力的嘴唇。

治疗时间：约40分钟
恢复天数：不需要恢复时间
维持时间：1~2个星期
复诊次数：不需要
失败风险：低
疼痛指数：★★★

21 卧蚕术
Wo can shu

{ 主要症状及原因 }

　　面相学上，"卧蚕"总代表着招桃花、人缘好等含义，而所谓的"卧蚕"是紧邻睫毛下缘一条4~7毫米的带状隆起物，看起来就像是蚕宝宝横卧在下睫毛的边缘，因而被称作"卧蚕"。笑的时候卧蚕会隆起，使眼神变得更加可爱迷人。

　　"卧蚕"与"眼袋"常常会让人分不清楚：眼袋距离下眼睑较远，是眼窝里的脂肪凸起，使得眼周看起来松弛浮肿，感觉疲惫又老态，即使不笑也很明显；但卧蚕是眼睛下方的肌肉，所以不笑时看起来并不明显，但笑时会微微鼓起让眼型变得饱满，就像眼睛也在笑，会让人觉得亲切又迷人，所以才会有"拥有卧蚕就能招来好人缘"之说。

解决方案

想要拥有卧蚕一点也不难，现在只要在施打部位涂抹表皮麻醉剂，接受玻尿酸注射，10分钟后就能依照每个人不同的眼型，塑造出适合每个人的完美卧蚕，立即拥有魅力电眼，即刻招来好人缘！

辅助的方法

除了玻尿酸注射外，也可以选择自体脂肪移植或卧蚕手术，如植入Goretex、人工真皮，以及肌肉整形法等。

注意事项

虽然卧蚕治疗方式有很多种，但大多数的人还是喜欢选择玻尿酸注射和自体脂肪移植，两项都是简单、安全又快速的治疗方法，需要根据个人需求来选择。

玻尿酸注射的优点是不需开刀，治疗时间很短。其缺点是时效最多1年，打过量或位置不对可能变成眼袋。

自体脂肪移植的优点是没有排斥的风险，效果自然，一旦稳定之后就永久有效。其缺点是可能会被吸收，需要再度注射，取脂肪的地方会有小的疤痕。

玻尿酸是一种多糖，是本来就存在于皮层内的物质，能够有效锁住肌肤水分，保持肌肤弹性与维持塑形。医学上采用的是卫生部门检验合格的非动物性稳定玻尿酸，具有黏性与弹性，且质感自然柔软，不会产生排异，对人体没有副作用，因此，可以注射填充到真皮组织中，以消除皱纹，填补脸颊、嘴唇、下巴等处的凹陷，雕塑鼻型，打造卧蚕等。

治疗时间：10分钟

恢复时间：1~2天

维持时间：6个月

复诊次数：1次

手术风险：低

疼痛指数：★

第六章 体雕
与身体管理

CHAPTER 6

01 去掉腹部的小块脂肪

Qu diao fu bu de xiao kuai zhi fang

  细腰最大的敌人就是脂肪。但脂肪组织是必须存在的，它可以存储能量，调节激素水平，帮助人们吸收维生素和矿物质，为人们提供内置隔热层。事实上，人类日常生活中20%~35%的热量来自于脂肪。

  对于爱美的女性来说，腹部的脂肪常被视为大敌。腰围是女人的三围中最纤细的部位，如果不够纤细，S形的身材曲线就无从谈起。再漂亮的衣服穿上，也达不到理想的效果。

{ 脂肪的类型及症状 }

脂肪分为两种类型：皮下脂肪和内脏脂肪。

皮下脂肪是指你可以看到、抓到的，比如啤酒肚、轮胎肚、松弛组织、腰间赘肉。这种脂肪会让一个人看起来肥胖。虽然看起来不好，但并没有什么风险。

内脏脂肪，则是一种隐藏在内部的脂肪。

内脏脂肪是指包裹在腹腔器官上的脂肪，它的危害性更大，因为它很难被察觉，除了受到不健康饮食和缺乏运动的影响，还具有遗传因素。检查是否有内脏脂肪，**有两个简便的方法：**

一种方法是测量腰臀围比。苹果形人群——那些重量围绕在腰部的人——更可能储存内脏脂肪。

另一种方法是用手触摸腹部。看腹部是松弛还是坚硬，如果坚硬，则可能有内脏脂肪。

一个看似矛盾的现象是：一个身体单薄的人与体重是自己两倍的人相比，拥有的内脏脂肪可能更多，健康风险可能更大。

解决
方案

激光注射溶脂

与e光维拉塑身体系的搭配，是形体精雕细刻的黄金组合，无论是祛除局部小脂肪团还是紧肤塑形，一个疗程全部摆平，这使其日益成为"微整形"范畴里的时尚新宠。

激光注射溶脂属于非手术的减肥方法，对于消除局部脂肪效果显著。这种方法一般对减轻体重不起什么作用，但是对于想要拥有魔鬼身材的女性来说，这种局部减肥塑形的"微整形"治疗是最佳的选择。

激光注射溶脂是将注射溶脂、低能量激光照射、局部理疗、适当运动、后期体重管理相结合的形体管理办法。首先，由医生根据就医者的体脂情况搭配膨胀溶脂液（HPL），它由多种药物成分组成，主要成分是膨胀性溶液和促进脂肪溶解的药物。这种溶液进入皮下脂肪层后，可通过渗透作用进入脂肪细胞；然后，通过药物作用促使脂肪溶解，照射激光加快脂肪的分解和溶解速度，溶解的脂肪通过淋巴管排出体外。

有效治疗区域内的脂肪细胞在注入药物的作用下，其细胞中所含的脂肪油滴可有一定程度的分解，加上药物导致脂肪细胞膜通透程度改变，细胞内的油滴分解后可顺利排出体外。注射之后，一部分脂肪细胞坏死，一部分仍然存活。

与传统的吸脂相比，激光注射溶脂可以更快地消除吸脂吸不到的部位如面颊、背部、脚踝等处的脂肪。激光注射溶脂不影响日常工作和生活，轻松简便、安全，尤其适合缺乏减肥毅力、工作繁忙，或无法改变饮食、生活习惯的女性。

每周治疗两次，4～8周之后，很多患者基本上能改善皮肤的光滑度以及脂肪团的外观。单纯使用e光维拉只能改变臀部的外观，全身脂肪体积的减少，主要还是依靠激光注射溶脂。

辅助的方法

对于抽脂溶脂后的凹凸问题，建议使用含有磷脂酰胆碱、有很高的皮透技术的产品辅助改善，例如美国SAGE药厂的乐瘦系列产品，可以安全有效无痛地改善小脂肪，并且对祛除橘皮样皮肤、全身紧肤、全身塑形体雕，都有良好的效果。在医疗机构都有专业人员按疗程进行治疗。

注意事项

1.全面了解激光注射溶脂减肥，对手术有正确的认识。

2.接受检查，确定身体状况。

3.与医生商量吸脂的部位，提出自己的要求，如果需要抽吸的部位多，要制订出全面合理的计划。

4.女性在使用激光注射溶脂减肥时应避开月经期。

5.由于治疗中局部注射了大量的膨胀液，术后当日外敷料可能被渗透，如果是下腹部吸脂，会阴部会出现水肿，这些都是正常现象。术后可适当活动，但不主张进行剧烈的运动或长期卧床休息。吸脂部位加压包扎5~7天后，更换弹性紧身衣1~3个月。

6.术后短期内吸脂的部位可能出现变硬、稍有不平、肤色加深及感觉麻木等情况，这些是正常现象，一般3个月左右恢复。

治疗时间：约40分钟
恢复天数：不需要恢复时间
维持时间：1~2个星期
复诊次数：不需要
失败风险：低
疼痛指数：★

02

蝴蝶袖

Hu die xiu

　　在肱三头肌（上臂后缘）的位置，即大臂内侧腋窝下边，经常会生有两片赘肉，我们形象地叫它们"蝴蝶袖"。

{ **主要成因及症状** }

　　和"大象腿"一样，粗壮的手臂也是淑女大忌，而且可能更为重要，因为"大象腿"还可以用长裙掩盖，而"蝴蝶袖"在夏天只能暴露无遗。即便到了秋冬，粗胳膊也会使女孩穿不上一些紧身的衣服，或者肩膀活动困难。这其实也是很多瘦身人士的难题。许多女孩上半身都很瘦，唯独两片"蝴蝶袖"减不下来。除了不雅观，它还容易让人联想到"松弛"和"上了年纪"。

　　"蝴蝶袖"的主要成因是脂肪。即使很细的手臂也可能有"蝴蝶袖"，因为手臂的脂肪比例在全身属于偏高的。手臂和双腿不同：就算不额外运动，双腿每天支撑全身的体重的运动也够了，而大多数人的手臂都缺乏锻炼，所以更容易堆积脂肪。想要拥有纤实紧致的手臂，必须保持合理强度的手臂运动。

　　要知道，肌肉、血液的质量和体积并不成正比。比如著名影星Scarlett Johansson的身高是160厘米，体重是54.5千克，这在很多人看来是偏重了，但她却照样拥有人人艳羡的魔鬼身材。

　　不妨来计算一下，45千克 × 25% = 11.25千克；如果一位女性体重55千克，但体脂符合正常女性20%的标准，那么55千克 × 20% = 11千克，跟体重45千克的女士体脂绝对含量相差无几，甚至更少。可想而知，她的整体视觉效果和"蝴蝶袖"效应也应该比45千克的女生要好不是一点点。

解决方案

　　"蝴蝶袖"可以依照下垂的程度以及下垂的原因分为三类：脂肪肥胖型、皮肤松弛型及组织松弛型，不同种类的"蝴蝶袖"须用不同的方式来治疗。

　　脂肪肥胖型"蝴蝶袖"：当然就是圆滚滚肥厚的上臂，这类的"蝴蝶袖"是脂肪组织堆积造成的。最好的处理方法就是抽脂手术，抽脂不但可以将多余的脂肪组织祛除，而且残存的脂肪组织会打散像黏胶一样将疏松的皮层贴回上臂，上臂就可以恢复紧实。

　　皮肤松弛型"蝴蝶袖"：由于年龄增加或者体重有增减的变化而造成上臂皮肤组织松弛，有时会合并脂肪肥胖型。如果仅仅是皮肤松弛型"蝴蝶袖"，可以选择不开刀以电波拉皮的方式将皮肤收缩，让上臂恢复紧实；但如果皮肤松弛型"蝴蝶袖"合并脂肪肥胖型，最好的处理方式也是抽脂手术。

组织松弛型"蝴蝶袖"：这类蝴蝶袖发生的原因只有一个，就是体重过重，不论是否接受减重治疗，下垂都超过2厘米以上。组织松弛型"蝴蝶袖"处理的方法只有切除过多的组织（包括皮肤、脂肪组织），根据松弛状况的程度来选择切除法（单纯切除、Z形切除、L形切除），但是不可避免的是有疤痕残留。

辅助的方法

1.咖啡瘦臂法

咖啡是公认的瘦身佳品，使用煮过的咖啡渣按摩大臂，不仅可使肌肤光滑，更重要的是能收紧皮肤。在容易囤积脂肪的"蝴蝶袖"地带，以咖啡渣调配咖啡液，朝心脏部位按摩，能达到分解脂肪的效果，在入浴时按摩效果更好。

2.按摩去"袖"法

如果每天能抽出30分钟进行臂部按摩的话，不仅可以轻松瘦臂，还能调节五脏及内分泌，将脂肪排出体外。这种方法操作简单，完全可以在自己的家中实施。

按摩秘诀：

（1）虎口包裹住手臂下缘，像拧毛巾一样，将"蝴蝶袖"由下往上拧转，反复10次。

（2）利用指腹揉捏手臂下缘，刺激血液循环，让肌肤更好地吸收保养品的营养。

（3）利用指腹按压腋下前侧，此乃全身淋巴汇集处之一，经常按压可保气血通畅，连胸部都有长大的机会。

相关
知识

1.经常坐在办公室里用电脑或长时间伏案写东西，会导致斜方肌、三角肌和三头肌长时间处于松弛状态，时间久了就会令脂肪堆积在大臂等位置。

2.如果你常常将手臂垂下或搭在桌上，久而久之，大臂由于长时间放松而容易形成脂肪积累及肌肉松弛。

3.大臂内侧肥胖，除了脂肪堆积外，疲劳或休息不佳等原因会使淋巴循环不畅通，水分会滞留在大臂内侧位置，形成肿胀，从而加重大臂上的"蝴蝶袖"。

Focus

注意事项

1.上肢为暴露部位，穿刺针孔要少而隐蔽，宜单独进行抽吸。

2.环状肥胖者：内外侧浅层脂肪均要抽吸以使之获得较好的形态；上臂后侧中部易出现凹陷，抽吸时应避免重复。

3.抽吸层次不宜过浅：前臂无深层脂肪组织沉积，抽吸时要谨慎。

4.皮肤过度松弛者：先实施脂肪抽吸术，手术后皮肤不能回缩者，再行二期皮肤切除整形术。

5.血清肿：因为死肌形成及淋巴液溢出，上臂抽脂手术后血清肿的发生率较高，可导致皮肤松弛下垂，穿戴弹力服的时间应适当延长。

03 背部的线条

Bei bu de xian tiao

　　正常情况下背部的皮下脂肪薄而均匀，表示出背部组织的轮廓，只有在肥胖时才表现出臃肿。背部中心为脊椎骨的棘突，两侧为强而有力的骶棘肌，再向外就是由肋骨和肩胛骨组成的背部平面了。

{ 主要症状 }

背部脂肪的特点是，正后面的脂肪平整而较紧致，两侧腋下或肋部交界处的脂肪松弛，堆积明显。

解决
方案

1 吸脂塑形

背部吸脂要根据情况设计不同的手术点进行手术。背部吸脂可算是面积最大、要求最平整的手术之一。要均匀地祛除一层脂肪，使皮肤的紧致程度适当增强，展现背部的线条变化，表示出迷人的风采。背部吸脂的重点是在背部的两侧，也就是腋下部分。

2 配合溶脂针

溶脂针特别适合背部积累的顽固脂肪。溶脂针是以生理盐水、利多卡因、碳酸氢钠、肾上腺素等以一定比例调配而成的，注射到脂肪层，能够有效促进顽固脂肪膨胀分解，从而使脂肪更易分解为脂肪酸来供应机体能量。

抽脂、溶脂后，肌肤会出现凹凸问题，建议使用含有磷脂酰胆碱、有很强皮透技术的产品，进行辅助改善，例如美国SAGE药厂的乐瘦系列产品。

1.背部吸脂后应立即穿上弹性紧身衣或缠上弹性绷带，可减少血肿，至少要穿3个月。手术后约一周的时间内，必须很好地休息以减少术后出血的情况。

2.有些受术者在手术当天包扎的敷料会被渗液浸透，这时，受术者可在局部垫一些吸水性物品，浸湿的敷料无须更换。背部吸脂后第三天，包扎敷料即可去掉，切口或针眼部位用创可贴遮盖即可。

3.背部吸脂部位的皮肤如果出现干燥情况，受术者可涂护肤膏。皮肤皱褶处若出现凹凸不平现象，可经常推拿，这样能使抽脂后的肌肉、皮肤均匀平滑，约半年后皮肤就会平整。

相关
知识

1 保持正常坐姿

调整工作台，选择一把高度适当的椅子。你的脚和背应靠在支撑物上，膝部可以略低于臀部，这是一种对你来说最舒服的姿势。调整电脑显示屏的角度，保证它在视线正前方。

2 保持良好的姿势

给背部以支撑，当脊柱处于自然中立的位置时它是最健康的。闲坐时将一个小枕头或者靠垫放在背下部，经常变换靠背的倾斜度，可以为背下部提供支撑，减轻对肌肉的压力。

04 小腿曲线

Xiao tui qu xian

{ 主要症状及原因 }

小腿是指下肢从膝关节到踝关节的一段。

引起小腿粗的原因有三个：一是皮下脂肪太多，即小腿部位的脂肪太多；二是骨骼的原因；三是小腿的肌肉容量大，如经过体育训练或经常做腿部锻炼的人。

小腿的皮脂腺比脸部少，因此更易干燥缺水。这还导致肌肤细胞的代谢周期变慢，所以角质的堆积就更厚，尤其是在膝盖、脚后跟等部位。许多女性朋友一直被粗而坚硬的小腿所困扰，究其原因多为小腿肌

肉过度肥大所致。小腿肌肉肥大一般表现为踝关节跖屈（如蹬地）时小腿后侧隆起，在皮肤表面凸现出肌肉的轮廓，尤其是皮下脂肪较薄者，肌肉轮廓更加明显。在小腿肌肉放松的情况下，有时只表现为小腿内侧、外侧和后侧的过于夸大的轮廓，英文叫"calf leg"。

有些患者腿形稍有弯曲，除了骨骼的因素外，另一原因就是小腿肌肉在小腿内外侧的凸度异常造成。如果向内侧过度凸起，则显得小腿短粗，给人以沉重感；如果向外侧过凸，则小腿呈现出弯曲的弧线，加重或造成"罗圈腿"。肌肉单纯地向后凸起使腿形缺乏美感，与大腿的比例不相称。所以，小腿肌肉在小腿的三维构成比决定了小腿的外形。

局部抽脂术对由脂肪堆积造成的粗小腿较有效，但却对肌肉型的粗小腿不一定有效。肌肉型的粗小腿要去掉的不是脂肪而是肌肉。针对脂肪不多、肌肉发达的类型，目前有打肉毒素和切除部分小腿肌肉两种方法。肉毒素可以使肌肉部分萎缩、小腿变瘦，是塑造小腿曲线的一种安全治疗方法。最好不要用切肌肉的方法，因为现在这种方法还不成熟，是一种有创伤的方法，会留下疤痕，而且对功能影响较大。肌肉型小腿若想塑造完美曲线，最好注射肉毒素。

解决
方案

1 肌肉型粗小腿：注射肉毒素

注射瘦腿技术没有任何副作用，不会影响肌肉和骨骼，也不会影响行走。如今在我国的医学瘦腿中常见的是肉毒素注射瘦腿的方法。 .

肉毒素的效果通常可维持6个月左右，因此可以一年注射1~3次。临床研究显示，治疗效果的持续时间会随治疗的深入而延长，因此，将来所需要的注射频率会越来越低，但其作用持续时间也会因人而异。

2 脂肪过多的粗小腿：激光溶脂

通过溶脂针，将一定配比的生理盐水、利多卡因、碳酸氢钠、肾上腺素等注射到脂肪层，能够有效促进顽固脂肪膨胀分解，从而使脂肪更易分解为脂肪酸供应机体能量。

注意事项

1.注射肉毒素瘦小腿只单纯针对肌肉健硕的小腿，注射后会逐渐发现小腿曲线开始变化，注射后1~2个月瘦腿效果最为明显，效果可维持6个月左右。

2.因为腿部注射肉毒素可能需求剂量较多，要根据个人情况判断是否适合。除此之外，如果是脂肪过多造成腿粗，采用瘦腿针就达不到瘦腿效果。

05 全身紧肤

Quan shen jin fu

{ 肥胖类型及反弹原因 }

肥胖可以分为皮下脂肪堆积造成的肥胖和内脏脂肪堆积造成的肥胖。通常大多数东方女性都属于皮下脂肪堆积造成的肥胖，而男性多为内脏脂肪堆积造成的肥胖。

人体是有生物钟的，传统的减肥方法不管是服药还是节食等，其实都是打乱了人体正常的生理调节和内分泌，一旦停止减肥，人体会自动恢复正常的生理调节和内分泌，所以容易出现反弹。

解决
方案

1 光疗瘦身

　　光疗瘦身主要针对皮下脂肪堆积造成的肥胖。它运用一种光疗瘦身仪器，将6个激光二极管照在人体皮肤上，采用电脑微控的深层吸引力将表皮、真皮及深层皮下脂肪向上提起，打破脂肪的纤维细胞，揉碎脂肪，使其随淋巴循环代谢掉，同时瘦身仪的吸拉系统对深层皮下组织施以不同方向的吸力、拉力、推力，促进淋巴循环及血液循环，有效燃烧脂肪。

2 吸脂塑形

　　术前要确定脂肪堆积的部位，向手术区脂肪组织中注射肿胀麻醉液，然后再使用空心吸引管通过5~10毫米的皮肤切口，借助负压吸出脂肪，达到塑形的效果。

相关
知识

　　临床验证表明：光疗瘦身能有效消除脂肪沉积，缩小腰围、臀围、大腿的尺寸，并可作为皮下吸脂术的配套治疗，祛除橘皮组织，增强皮肤弹性和光滑度。因此，光疗瘦身主要达到的是塑形的效果，对减重的帮助不是很大。

06 橘皮样变

Ju pi yang bian

　　"橘皮组织"又叫"蜂窝组织"、"海绵组织",是一种特殊形式的皮下脂肪。由于年龄的增长,皮下脂肪体积增加,纤维组织增厚,分布出现坑坑洼洼,层次不均,而表皮却同时在变薄,所以最终呈现出海绵状、凹陷的橘皮状外观。

　　橘皮状皮肤是成年女性普遍存在的皮肤问题,九成左右的女性都会有。

{ 主要症状及原因 }

女性身体上的支持纤维是平行排列在一起的，因此很容易伸展。这样，水和脂肪也就较易堆积起来，从而形成可触可见的小肿块，就是所谓的橘皮组织。如果在皮下形成，则形成橘皮样皮肤。这是由女性结缔组织的结构所决定的。

科学研究已经证明，人在紧张状态下体内的脂肪细胞会膨胀并在结缔组织之间相互挤压，从而在皮下形成橘皮式的浅窝，也就是橘皮样皮肤。

长时间的日光浴也会导致橘皮组织。因为紫外线的辐射会使人体产生大量的自由基，这些自由基会长时间地损伤结缔组织的敏感纤维，从而形成凹凸不平的浅窝样橘皮组织。

一般来说，梨形和苹果形身材的人更容易出现"橘皮"，这多和遗传因素有关。

当然，现代人的生活习惯也是导致橘皮组织的原因。由于久坐和身体机能衰退，导致血液循环和排泄系统出现障碍，脂肪很容易积聚在纤维网中，使身体不能通过血液吸取足够的氧气和营养，有毒物质（包括脂肪）不能及时排出体外，这是导致"橘皮"从腿部至腰腹蔓延的一大原因。

许多看起来很瘦的人也会出现"橘皮"，比如模特、艺人等等。这是因她们往往为了保持窈窕身材，长期处于节食状态，如果不小心在休假期间放纵自己大吃美食，急速地胖了几公斤，又会快速地用吃药或是节食的方法减肥。这样一来二往的快速胖瘦，会使皮肤突然失去支撑而无法立即复位，这时最容易产生橘皮组织。

橘皮组织自测法：

橘皮组织如果症状不明显就不易被发现，身体最容易出现肌肤衰老、松弛、下垂甚至橘皮样病变的部位是大腿内侧、小腿后侧、腰腹部和臀部。

观察一下你的大腿根部、臀部和腹部，捏一捏那里的肌肤，看看肌肤够不够紧致，然后双手虎口呈 V 字形，沿着身体向下用力推压时，若能看到一块块的脂肪和不均匀的块状，触摸时感觉不平滑，出现一个个如蜂巢般的浅窝，这就是"橘皮"了。

解决方案

"橘皮"出现的根本原因就是皮肤弹性下降，皮下脂肪增生和胶原间隔对脂肪固定作用减弱。要想找到具有奇效的应对措施，我们就得从这些根源入手，找寻改善方法。而Vela治疗系统可以说是从"橘皮"产生原因入手、专门针对橘皮脂肪的独门绝技。

Vela Shape是以色列Syneron公司研发的Vela系列升级版。该系统结合四种不同技术：高能双极射频、宽谱红外光、真空负压及滚压按摩，可以实现体围缩减和脂肪团祛除等形体紧肤治疗。

Vela Shape通过红外光、射频能对皮下组织进行有效加热，不仅加速了新陈代谢和脂肪溶解，而且能使纤维细胞重新排列，使胶原和弹性纤维重生，让皮肤恢复光泽，告别凹凸不平的橘皮脂肪。同时结合真空及负压滚轮式按摩，增加局部位置的血液循环及含氧量，促进脂肪代谢过程中所必需的催代酶的释放，通过淋巴系统将废物带走，使纤维化的蜂窝组织得以治疗。

辅助的方法

除了使用抗橘皮护肤霜之外，还可以试一试含维生素A的护肤品，尤其是年龄已超过25岁并且皮肤弹性已有所减弱的时候。含维生素A的护肤品能够促进结缔组织中弹性蛋白和骨胶原纤维的生成。

注意事项

Vela(维拉)塑身紧肤仪结合了红外光及电磁波，因此治疗后一周内请勿进行强烈的日光浴及洗桑拿等。

07 手部问题
Shou bu wen ti

{ 主要症状 }

　　女性的双手，最容易泄露年龄的秘密。尤其经过了冬春两季，湿度的下降会导致双手肌肤变得粗糙甚至蜕皮、开裂。夏天，想恢复完美无瑕的纤纤玉手，你需要做的功课就来了。

随着年龄的增加，手部也会出现相应的衰老症状：表皮和真皮开始萎缩，骨掌间隙加深，骨骼和肌腱突出，手背部网状静脉明显；表皮上出现晒斑、脂溢性角化病、光化性角化病，皮肤松弛，皱纹明显，皮质粗糙，同时毛细血管扩张。

解决方案

1 透明质酸（HA）

作用：改善手部外观，减弱皱纹、静脉突出、骨突出、皮下萎缩对手的外观的影响。

方法：让患者处于头低脚高的位置，减少静脉压力。临床中，注射一小瓶透明质酸（140毫升），通常混合0.21%利多卡因和肾上腺素。

维持期：6~9个月。

2 聚乳酸（PLLA）

作用：修复皱纹及皮下萎缩。

方法：让患者处于头低脚高的仰卧位，减少静脉压力、口径以及出血。采用线性技术，每次注射0.05毫升（不能超过0.1毫升）聚乳酸。

维持期：18~24个月。

3 羟基磷灰石钙（CaHA）

作用：保持手部外观丰满、年轻。

方法：每只手的用量为一小瓶CaHA（1.5毫升）混合0.3ml浓度为2%的利多卡因以及1.2毫升浓度为0.9%的氯化钠。

不良反应：出现短暂性红斑、瘙痒、瘀斑、水肿（可长达2周）。

维持期：12~24个月。

4 **脂肪转移**

作用：还原手背部的年轻与丰满。

方法：首选离心脂肪（以3600转/分钟离心处理持续3分钟），研究证明其效果更好，保持时间更久。注射前患者手部做无菌处理，须进行肿胀麻醉。于背侧手腕褶皱处开注射口，注射时注意充分填充，当开口处有微微溢出现象时，注射结束。患者须在注射后24小时内将手尽量抬高，一周内避免繁重劳作。同时从注射前一天开始，持续10天使用抗生素。

不良反应：感染、囊肿、暂时性感觉迟钝、明显的水肿（1~2周内）。

维持期：长短不一，短到4个月，长至3年。

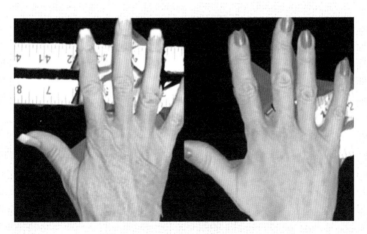

注射前（左）和注射6个星期后（右）对比
注射转移10毫升自体（提取自腹部）离心脂肪

5 静脉治疗

（1）硬化疗法

作用： 弱化手背部明显突出的静脉（如果手部已做经过成功的丰满治疗，则不需要这种疗法）。对于手背部静脉明显不美观的患者，硬化治疗是首选，其他还包括静脉内血管剥脱治疗和静脉切除术。

方法： 泡沫硬化。将混合室内的空气或二氧化碳（CO_2）气体与硬化性溶液结合。注射前在患者手臂前段系上止血带，然后开始实施注射，注射后须按摩，之后解开止血带，24小时内让手处于抬升状态。该方法效率高，增加了硬化剂和静脉之间的接触时间，并发症减少。

不良反应： 毛细血管扩张、溃疡、色素沉着、红斑、水肿、过敏反应。泡沫硬化法产生的副作用临床上比较罕见，成功率接近100%。

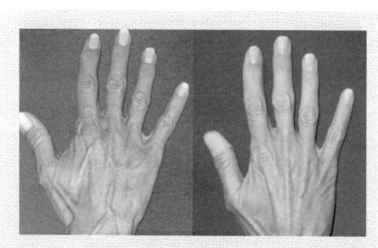

注射前（左）和注射26周之后（右）的对比
用泡沫硬化疗法结合0.5%十四烷基硫酸钠泡沫治疗右手网状脉

（2）静脉内激光剥脱

方法： 术前进行肿胀麻醉，治疗时需要600流明的激光光纤，一般每只手可治疗4条静脉，术后需进行包扎。

不良反应： 轻微烧伤和肿胀。

6 **化学焕肤**

作用： 主要用于解决轻度色素改变，是最经济的嫩肤疗法。

方法： 对于手部的化学焕肤，最好局限在中等深度，因为手部附属结构比较少，同时皮肤比较薄。在非面部进行中等深度的美白比在表皮进行美白的效果更好，但必须谨慎且持续进行，主要采用激光疗法、光疗法、能量疗法等。

（1）Q开关激光器

作用： 治疗黄斑脂溢性角化病和晒斑。

方法： Q开关Nd：YAG激光器在选择性破坏黑色素方面是最有效的，同时能够保留周围组织。Q开关红宝石激光是在清除表皮色素沉着方面最有效的激光（不适用于暗色皮肤）。

不良反应： 红斑、疤痕、纹理的变化、结痂、出血、大泡形成、色素减退、色素沉着（后两者在暗色皮肤患者身上更常见）。

（2）强脉冲光（IPL）

作用： 同时校正血管（毛细血管扩张和红斑）和色素性病变（晒斑和雀斑），后者改进程度达到50%~100%；促进胶原蛋白的生长（这可能是皮肤纹理改善、皱纹减少、毛孔细致的原因）。

方法： 不同类型的皮肤，脉冲不同强度。Ⅰ至Ⅲ型的患者须选用560纳米滤波器，Ⅳ型患者选用590纳米滤波器，Ⅴ型选用695纳米滤波器，Ⅵ型选用755纳米滤波器。根据不同的症状，仪器也要做不同的调整。该疗法没有显著副作用。

（3）光动力疗法（PDT）

作用：有效治疗光老化。

方法：主要通过激活光敏剂（任何激光或在可见光频谱内发光的光源都可以激活光敏剂），辅以4种激光和光源照射。患者接受治疗之后要注意防晒。

不良反应：瘙痒、糜烂、红斑、水肿、疼痛、脱屑、结痂。

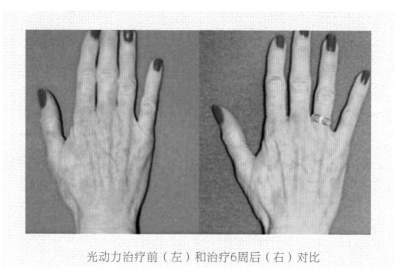

光动力治疗前（左）和治疗6周后（右）对比

（4）非剥脱性激光焕肤

方法：通过激光，人为造成热损伤并唤起伤口愈合，刺激胶原实现重塑。

（5）非剥脱性分馏激光

方法：只对皮肤的一小部分（5%）实施激光，继而周边完好的组织会形成一个组织库，对表皮进行快速修复。结合Q开关翠绿宝石激光效果更好。

不良反应：红斑、水肿、瘙痒，并发症发生率较高（7.6%）。

优点：恢复时间短，不用全身麻醉。留疤、色素沉着异常、感染风险低。

缺点：真皮的增厚与胶原蛋白新生不明显。

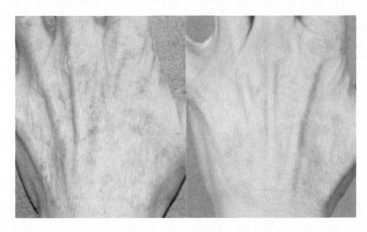

治疗前（左）和治疗8周后（右）对比
非剥脱性分馏激光治疗

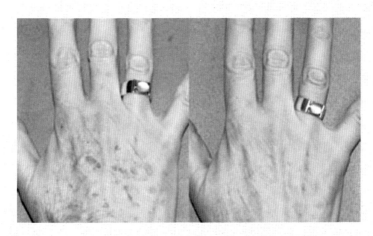

治疗前（左）和治疗12周后（右）对比
非剥脱性分馏激光结合Q开关翠绿宝石激光治疗

（6）剥脱性焕肤

该治疗临床效果明显，但是过度治疗可增加留疤和感染的风险。选择该治疗方法时要谨慎考虑。

（7）剥脱性分馏激光

方法：采用光热分解的剥脱性分馏CO_2激光，使组织汽化并产生凝固性坏死，从而使得周边组织和细胞对其进行真皮重塑。适用于Ⅳ型和Ⅴ型皮肤。

优点：副作用小，治疗后恢复快。

缺点：技术依赖性强，必须谨慎进行。

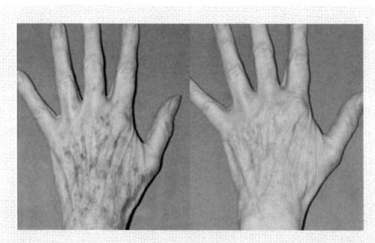

治疗前（左）和治疗26周后（右）对比
Q开关翠绿宝石激光治疗结合剥脱性分馏CO_2激光治疗手部

注意事项

　　1.保护手部，选择"对"的清洁品，即成分中以维生素E与B族维生素为主的产品，避免碱性过强的清洁品是主要原则。

　　2.洗碗及做其他家务时，请戴上手套，避免清洁剂的伤害。

　　3.一周做一次去角质工作，使用手部专用去角质霜以避免过粗颗粒的刺激。

　　4.注重滋养与呵护，只要感觉干燥就随时涂上护手霜。白天时最好选择有SPF防晒系数的日用护手霜，避免晒黑或晒斑的形成。

　　5.利用睡眠时间加强滋养。涂上乳液乳霜后戴上手套以利吸收，或者以保鲜膜包裹双手数分钟，也可加强吸收。

相关知识

1 用醋或淘米水等洗手

　　双手接触洗洁精、皂液等碱性物质后，用食用醋或柠檬水涂抹在手部，可去除残留在肌肤表面的碱性物质。此外，坚持用淘米水洗手，可收到意想不到的好效果。

　　具体操作：煮饭时将淘米水贮存好，临睡前用淘米水浸泡双手10分钟左右，再用温水洗净、擦干，涂上护手霜即可。

2 用牛奶或酸奶护手

　　喝完牛奶或酸奶后，将瓶子里剩下的奶抹到手上，约15分钟后用温水洗净双手，这时你会发现双手嫩滑无比。

3 鸡蛋护手

　　取鸡蛋1只，去黄取蛋清，加适量的牛奶、蜂蜜调和均匀敷手，15分钟左右洗净双手，再抹护手霜。每星期一次，可去皱、美白。

妊娠纹

Ren shen wen

{ **主要症状及原因** }

　　妊娠纹的医学名称是"皮肤扩张纹"，是一种皮肤过度拉扯所造成的现象。

　　妊娠纹形成的最常见因素就是怀孕。女性在妊娠期受激素影响，腹部的膨隆使皮肤的弹力纤维与胶原纤维因外力牵拉而受到不同程度的损伤或断裂，皮肤变薄变细，腹壁皮肤会产生一些宽窄不同、长短不一的粉红色或紫红色的波浪状花纹。妊娠纹的发生部位大多在腹部两侧、大腿内侧、屈股和胸部，大致上是以肚脐为中心，形成多环形分布。妊娠纹的范围有大有小，小则只在腹部外侧或大腿有几条而已；大则整个腹部及下胸部皆有。一开始生成时，纹路较深，会呈现紫红色不规则条状，常伴有牵扯感或轻微痒感；等到生产完后半年至一年的时间，就会逐渐变成银白色萎缩性疤痕。

　　大多数妈妈会长一堆的妊娠纹，少数人的肚皮却光滑无比，这与体质有很大关系。

解决
方案

1 **激光治疗妊娠纹**

（1）技术原理

　　激光疗法是应用激光的选择性光热作用，汽化消除不平整的皮肤表皮层，改善妊娠纹外观，刺激真皮层胶原纤维、弹力纤维的再生和重塑，使皮肤收缩，以达到消除或减轻妊娠纹的目的。

（2）适应人群

　　适应于腹部松垂不严重的妊娠纹患者。

（3）禁忌人群

　　患有糖尿病、高血压、心血管疾病或肺部疾病等内科疾病者，局部皮肤有病灶者，瘢痕体质者，术前1~2年服用过异维A酸者。

（4）技术方法

　　治疗前先清洁腹部，疼痛敏感者可于术前1小时外涂表面麻醉膏，麻醉效果满意后，使用激光对准妊娠纹逐一进行照射。

（5）风险和并发症

局部肿胀：所有激光治疗后均有轻、中度局部肿胀，术后2~3天最重，5~7天逐渐消退。

色素沉着：剥脱性激光除皱治疗后，大部分人起初有色素减退，但不久可出现色素沉着的现象，一般无需治疗，在2~4个月内色素沉着可自行消退。

瘙痒：少见。可能意味着伤口的愈合，也要警惕感染的可能。

感染：侵袭性治疗均有发生感染的风险。一旦发生感染，要尽快就医，以促进伤口尽快愈合，但愈合后可能留有表浅瘢痕。

瘢痕形成：少数情况下，在激光治疗术后会形成遗留凹陷性瘢痕，或刺激形成增生性瘢痕。形成瘢痕后应尽快就医治疗，以减轻瘢痕程度。

（6）疗程和恢复时间

一般激光疗程为2次，间隔4~8周。

（7）注意事项

治疗后可能会出现短暂的红肿反应，会自行消失。

治疗后，痂皮脱落以前，治疗区域不要接触水，不搓擦，忌辣、烟和酒，禁食颜色深的食物如咖啡、可乐等，要让痂皮自行脱落，不得强行剥落。

痂皮脱落以前不参加激烈运动，以免出汗后引起感染。

治疗后注意局部避免日晒。

2 光子治疗妊娠纹

（1）技术原理

光子又称强脉冲光，英文缩写为IPL，是一种宽谱可见光。光子治疗也是基于选择性光热作用原理。输出的强脉冲光中波长较长的光可穿透到皮肤较深处组织产生光热作用和光化学作用，使皮肤的胶原纤维和弹力纤维重新排列和再生，恢复弹性，从而达到消除或减轻妊娠纹的治疗效果。

（2）适应人群

适应于腹部松垂不严重的妊娠纹患者。

（3）禁忌人群

近期腹部接受过阳光暴晒或将要接受阳光暴晒的人群；光敏性皮肤及正在使用光敏性药物的人群；近期口服异维A酸者；糖尿病患者；瘢痕体质者；怀疑有皮肤癌者。

（4）技术方法

受术者洁面后平卧，在治疗部位涂冷凝胶，施行测试光斑，观察测试反应，选择合适治疗参数；依次在治疗部位施行治疗，随时局部冷敷。依反应情况，可做重复治疗。

光子属于非相干光，本质上属于普通光而不是激光，是以一种强度很高的光源（如氙灯等），经过聚焦和初步滤光后形成连续波长为400～1200纳米的强光，再经滤光片滤过，最后发出特定波段的光，即高能量的、波长相对集中、脉宽可调的强脉冲光。这样的强光可穿透到皮肤较深处组织产生光热作用和光化学作用，使皮肤的胶原纤维和弹力纤维重新排列和再生，恢复弹性，从而消除或减轻妊娠纹。

（5）风险和并发症

灼伤：光子治疗的主要并发症是发生不同程度的灼伤。

水肿：术前如使用过光敏性药物，术后可能会出现明显的水肿。

轻度色素沉着：少数人会发生轻度色素沉着，可逐渐消退。

（6）疗程和恢复时间

根据妊娠纹程度不同需要不同的治疗次数。大面积需分次治疗。每次治疗后可立即回到正常的工作和生活中，不需恢复期。

3 射频治疗妊娠纹

（1）技术原理

射频是一种电磁辐射能量，其能量可以电或磁的形式存在并传播。射频治疗通过无选择性加热原理实现。射频波能穿透表皮基底黑色素细胞的屏障，将真皮层胶原纤维加热至55℃~65℃，胶原纤维收缩，使妊娠纹部位皮肤被拉紧，同时热效应使胶原增生，新生的胶原重新排列，数量增加，修复老化受损的胶原层，从而达到减轻妊娠纹的目的。

（2）适应人群

适应于腹部松垂不严重的妊娠纹。

（3）禁忌人群

皮肤恶性肿瘤或癌前病变者，对极度冷、热刺激反应过敏者，颅内压增高、动脉阻塞性疾病、青光眼、炎性痤疮患者，体内安装心脏起搏器或体内有金属植入物者，局部感染性皮肤疾病，开放性皮肤损伤者，癫痫和精神病患者，严重心肺肝肾功能不全者。

（4）技术方法

在受术者治疗部位涂抹配套的橄榄油，设定射频治疗参数，将射频机头在治疗区域皮肤上连续地移动扫描，当仪器显示皮肤温度达到

40℃时，维持3分钟；每个区域治疗一次后，再移到相邻的区域继续治疗，直至所有区域治疗结束。

（5）风险和并发症

射频除皱是比较安全的，一般较少出现不良反应和并发症。少数受术者在治疗后可能出现皮肤发红，一般1～2小时后可恢复正常。此外，单极放热时的高温可能会灼伤皮肤。

（6）疗程和恢复时间

射频治疗需2～3次，每次20分钟左右，每次治疗间隔大约1个月。射频治疗后一般无术后反应，可马上正常地工作和生活。

（7）注意事项

射频治疗后，注意防晒，避免阳光直射。

射频治疗后，注意一周内勿用热水（超过体温的水）洗澡。

射频治疗后，注意一周内暂时不要泡温泉及洗桑拿浴。

4 微晶治疗妊娠纹

（1）技术原理

微晶除皱术是利用物理磨削的原理，祛除表皮角质层，改善表皮的再生能力和肤质，以达到重构妊娠纹部位的上皮组织、消除表皮肥厚的目的。微晶治疗技术不需麻醉，并发症少，只是对真皮层弹力纤维的恢复没有效果。

（2）适应人群

适应于未发生皮肤全层断裂的妊娠纹，对触之有凹陷感的妊娠纹效果较差。

（3）禁忌人群

皮肤过敏者和局部皮肤感染者。

（4）技术方法

先对治疗区域进行清洁消毒，选好压缩空气及喷口的开度，选好防尘罩，打开电源，调准微晶与空气混合器，进行治疗。

治疗结束后，局部涂消炎药膏，进行保护或加压包扎。

微晶治疗仪：微晶治疗仪是采用物理焕肤原理，以现代电子调节控制，配以喷砂技术喷出极细小的氧化铝微晶，利用微晶的多棱性、棱角的锋利性，借压缩空气的弹性，构成一个封闭的使用、回收、再收系统，从而进行物理磨削，以重构妊娠纹部位的上皮组织，消除表皮肥厚，改善腹部外观。

（5）风险和并发症

局部有轻微疼痛感，有时创面结有一层非常薄的痂皮，4～7天以后自行脱落，一般无其他并发症。

（6）疗程和恢复时间

根据妊娠纹的深度和大小一般需要5次甚至更多次治疗，每次治疗间隔1个月。磨削效果和治疗次数呈正相关。

术后轻压包扎48小时。痂皮4～7天以后自行脱落，对学习与工作一般无影响。

（7）注意事项

术后局部保持干燥。

注意防晒，避免阳光直射。

5 **果酸焕肤治疗妊娠纹**

（1）技术原理

果酸焕肤是应用高浓度果酸促使妊娠纹部位角质层脱落，加快角质细胞及少部分表皮细胞的更新速度，以重构妊娠纹部位的上皮组织，改善妊娠纹外观。常用的果酸有苹果酸和枸橼酸液。

（2）适应人群

适应于未发生皮肤全层断裂的妊娠纹，对触之有凹陷感的妊娠纹效果较差。

（3）禁忌人群

局部有细菌、病毒感染者，免疫相关性疾病患者，接受放射治疗的患者，近期接受雌激素、孕激素治疗者或正进行维A酸治疗者，瘢痕体质者，精神病患者或情绪不稳定者。吸烟者不适宜中、深度的剥脱，心、肝、肾脏疾病患者不宜做较大面积的深度剥脱。

（4）技术方法

先用特殊清洁剂清洗后，将高浓度的果酸在妊娠纹部位涂抹，后喷上中和液，终止果酸的作用，再用冰敷以减轻疼痛及发红，继而涂上营养霜即可。一次治疗时间持续30～60分钟。

（5）风险和并发症

色素沉着：注意防晒，治疗后避免阳光直射，可一定程度上减轻色素沉着。

瘢痕：风险和并发症多见于瘢痕体质。

（6）恢复时间

果酸焕肤需要多次治疗才能达到理想效果。一般而言需6～8次，每次治疗需要半个小时到一个小时，两次间隔2～4周。每次治疗后皮肤需要一周左右的恢复期，基本不影响正常生活和工作。

辅助的方法

1.在皮肤恢复期间可能会出现轻微刺激感、痒、灼热感、轻微的痛感、紧绷、脱皮或轻微的结疤。这些症状将在一周内慢慢消失，直至恢复正常。

2.在焕肤后1～7天内，每天只用清水清洗腹部，避免用力揉搓，并在医生指导下用指定药物护肤。

3.在恢复之后才可以用原来的护肤品。

4.在恢复前还应注意防晒，避免阳光直射。

治疗时间：约40分钟

恢复天数：不需要恢复时间

复诊次数：不需要

失败风险：低

疼痛指数：★

09 下肢静脉曲张

Xia zhi jing mai qu zhang

{ 主要症状及原因 }

　　下肢静脉曲张常被称为"浮脚筋"，是静脉系统最常见的疾病，形成的主要原因是长时间站立、久坐或血液蓄积下肢，在日积月累的情况下，产生静脉压过高而破坏静脉瓣膜，造成静脉曲张，常见表现为腿部皮肤冒出红色或蓝色，像是蜘蛛网、蚯蚓的扭曲血管，或者像树瘤般的硬块结节。随着年龄增长，静脉曲张程度也会越发明显。另外，怀孕妇女的静脉曲张也较容易恶化。

　　静脉曲张除了外观不好看以外，也会有一些不适的症状，如发痒、紧绷、沉重感、肿胀、疼痛、烧灼感、抽筋等等，有时只要坐下休息、抬高腿部或是做淋巴按摩就会缓解。若已影响到生活，就应尽快就诊。

解决方案

① 血管外皮肤激光治疗

利用染料、Nd：YAG等激光，其波长能被血红素吸收产生热，进而凝集血管，改善静脉曲张问题。优点是只需局部麻醉，治疗时间短、疼痛度低，几乎无伤口，故不会留下难看疤痕，且可立即行走。但只对微细的蜘蛛状静脉曲张有效，且需多次治疗。

② 硬化治疗(sclerotherapy)

硬化治疗是将高张性溶液（如高浓度盐水或硬化剂）注射到曲张的静脉，破坏血管内膜，使其阻塞后消失。此法仅能治疗小的曲张血管，且治疗中可能会有剧痛、色素沉淀，甚至发炎、红肿、溃烂等副作用，还有容易复发及复发后难以处理的问题，所以仅适用于少数患者。

③ 血管内隐静脉闭锁法

这种手术方式适用于中等程度以上的静脉曲张。血管内激光治疗（EVLT）手术方式是以类似打针的方式，将激光光纤导管放入静脉中，直达静脉曲张患处，再以激光光束烧灼静脉内壁，使血管萎缩，血管壁的胶原蛋白会收缩以封闭曲张静脉。血管内激光治疗的好处是较不具侵袭性且伤口很小、并发症少、疼痛度低、瘀血少、恢复快，可以马上自由活动不必住院；缺点是只能治疗主干的静脉曲张，对于分支的静脉曲张治疗效果不佳。

④ 传统手术

在腹股沟附近、膝盖及足踝开刀，并以特殊的钢丝在血管内进行静脉抽除手术，病患需住院3～5天，手术后会有严重的瘀青与疼痛，手术后复原期可长达4周。

5 微创静脉曲张刮除术

适用于中等程度及细网形的静脉曲张。微创静脉曲张刮除术，以特殊的内视镜及旋转刀在皮下进行变形静脉刮除手术，病患可以不住院，瘀青和疼痛与传统手术相比减低很多，但缺点是需要依情况多切几个小伤口，虽然不会留下明显痕迹，但还是有疤痕残留的可能。

6 迷你静脉勾除术

手术可在局部麻醉之下，痛过针孔般的小洞，以特殊的器械将曲张的小静脉挑出、去除。术后患者稍作休息便可回家休息，治疗后伤口宽0.2～0.3厘米，伤口会用缝线缝合以帮助愈合。术后一周内会有短暂瘀血的现象，疤痕在数月后会自然消失，所以，外表几乎看不到疤痕。

辅助的方法

1.保守治疗

避免长期站立及负重，避免穿过紧的衣物，适当运动，抬高腿部，按摩并进行压迫治疗，如穿着弹性袜等。

根据德国标准RAL GZ387，医疗用的弹性袜依脚踝压力值(mmHg)可分为四级：第一级为18.7～21.7mmHg；第二级为25.5～32.5mmHg；第三级为 36.7～46.5mmHg；第四级为 >58.5mmHg。

一般推荐穿着压力值为20～30mmHg、压力由远端到近端肢体递减的弹性袜，可依严重程度调整压力等级。敏感性皮肤者要注意穿着弹性袜可能会使皮肤因不适而发生接触性皮炎。另外由于清洗等因素会使弹性袜失去弹力，建议一年至少要换两双。

2.药物治疗

利尿剂：可以治疗下肢静脉曲张造成的肿胀，一般建议口服七天停药，不建议长期使用。

羟乙基芦丁：作用在血管内壁皮上，可减少通透性进而达到减少水肿的效果，对于减少疼痛、痉挛、肿胀都有效果。

注意事项

1.术后保持伤口清洁、干燥，保持足部及腿部的温暖、清洁，避免潮湿及下肢伤口的产生。

2.术后会有暂时性的疼痛感并出现大量瘀血，且有下肢肿胀情形，这亦是正常现象，无须紧张。疼痛感通常会持续7～10天，可服用处方止痛药物，肿胀、瘀青皆属于短期且正常的现象，术后72小时内需冰敷，再搭配弹性绷带压迫，以避免术后的肿胀及出血；72小时后，再温敷促进消肿，消肿时间长短因人而异，肿胀于术后6～8周完全消失，大约术后2个月便可见到最后稳定的结果。

3.术后会立即包扎弹性绷带加压止血、预防肿胀瘀青，须包扎一周。若感觉腿上的弹性绷带太松或太紧，或有腿部麻木的现象，请复诊由护士将弹绷拆下重新缠绕，切勿自行拆除。

4.术后3天内避免下床走动。

5.术后要注意不可以抽烟、喝酒、熬夜以及吃刺激性的食物（油炸、辛、辣），多摄取高营养、高蛋白质饮食，促进伤口愈合，多补充水分电解质，帮助体力恢复。

6.术后应尽量保持腿部高于心脏，需将床尾抬高6～9寸（15～23厘米），或垫高一个枕头的高度，以促进静脉回流，减轻肿胀。睡觉时将脚稍微垫高（高于心脏），增加血液回流。

7.术后腿部需持续穿着弹性袜直到手术后3个月，要勤加走动、避免久站及久坐。

10 多汗症

Duo han zheng

{ 主要症状及原因 }

　　汗腺腺体分布于真皮层下层，接近皮下脂肪的交接处，受交感神经的支配，季节、压力、情绪等因素均会引起交感神经机能亢进，使得排汗量增加，也就是所谓的多汗症。事实上，汗腺在全身每个部位都有，只是手心、脚底和腋下较集中，因此常见的多汗症是以手汗、脚汗和腋下出汗为主。

　　要改善多汗症，就要从交感神经着手，才能有效改善出汗异常问题。

<h1 style="text-align: center">解决
方案</h1>

注射肉毒素

因为交感神经会分泌乙酰胆碱作为介质使汗腺出汗，而肉毒素可以阻断交感神经分泌乙酰胆碱，达到减少出汗的效果，因此肉毒素常被应用于真皮层交感神经的注射。除了改善出汗问题，也可以改善顶浆腺（大汗腺）分泌物数量，进而减轻多汗问题。

因为肉毒素注射不会有代偿性出汗问题，所以深受多汗症患者的喜爱，虽然有少数患者术后会出现局部皮肤干燥、紧绷或短暂性肌肉无力等副作用，但都可以用保湿乳液跟肌肉运动来进行改善。当然选择合格专业而有经验的医生，可以避免将肉毒素注射到肌肉层，从而大幅降低副作用的发生。

（1）适应人群

因季节、情绪或压力引起手心、脚底或腋下严重出汗者；因为汗水分泌过度旺盛，严重影响社交者；长期受出汗困扰，但是却担心有代偿性出汗，而不敢接受手术者。

（2）禁忌人群

对肉毒杆菌过敏者，患有神经肌肉疾病者，怀孕或正在哺乳的女性，注射部位有发炎感染者。

（3）技术方法

肉毒杆菌治疗多汗症时，要先用碘酒测试：

先用含酒精的优碘薄薄擦拭患部；等优碘干后，再将干玉米粉薄薄地均匀地撒在患部；待数分钟后，观察颜色变化，呈现蓝色的部分代表皮肤出汗的位置，蓝色愈深的地方表示出汗状况愈严重，施打时要着重打在这些区域。

治疗时可先涂抹表皮麻醉剂，降低疼痛，但如果是治疗手汗，由于手掌的感觉神经较敏感，所以，注射过程中也会较疼痛，如果无法忍受，也可以选择睡眠诱导剂，注射过程中就不会感到疼痛。

辅助的方法

1.若多汗问题属于较轻微的等级，可以使用外用止汗剂来改善。

2.另一方式是内视镜交感神经烧灼术，可以有效根治手汗、脚汗或腋下大量出汗的问题。但此项手术后可能会有代偿性出汗的副作用，在决定治疗前要把这个副作用列入考虑内容。

相关知识

代偿性出汗是指手术后，原本的手心、脚底或腋下的出汗量明显减少，但是为了散热，反而变成胸口、背部、臀部或腿部等部位的出汗量明显增加，结果一天要更换多件衣服，带来生活上更多的不便，所以手术改善多汗症并没有被大多数人所接受。

小贴士

肉毒素治疗多汗症特性：

（1）安全有效，可避免代偿性出汗问题；

（2）疗程时间短，约10分钟即可完成，且无恢复期；

（3）术后一周左右即可看到效果；

（4）维持时间为4~6个月，可一年施打两次或只在夏天到来之前施打，就能改善夏天大量出汗的问题。

11 狐臭与腋下多汗

Hu chou yu ye xia duo han

{ 主要症状及原因 }

　　1.狐臭：腋下或会阴部散发出的味道。由于腋下或会阴部顶浆腺分布较多，而顶浆腺是一种会分泌费洛蒙的腺体，费洛蒙本身会有味道，加上腋下或会阴部毛发量较多，若在短时间内大量分泌，被毛发闷住导致无法挥发，给细菌提供一个闷热潮湿的环境，细菌就会大量滋生。加上顶浆腺的费洛蒙对细菌而言，是一个很有营养的物质，当细菌大量滋生时，所代谢的产物也有味道。所以，味道来自于两个方面：一是顶浆腺分泌费洛蒙，二是细菌滋生时代谢产物的味道。

2.腋下多汗：人体的汗腺是分布于皮肤真皮内的一种分泌腺，我们的表皮大都有汗腺分布，以腋窝、脚底、手掌以及额部尤其丰富。一般健康的人在运动或遇高温时，汗腺的分泌量会增加，这是为了让上升的体温能降下来。因此肥胖者往往较瘦者汗量多，主要是因为肥胖者体重偏重，体温容易上升，为了降低过高的体温，必须以多排汗来调节。

腋下多汗的原因除了上面的之外，还有可能是汗腺出了问题。局部多汗可能是由于交感神经损伤或异常的反应，乙酰胆碱分泌增多，导致小汗腺分泌过多的汗液。腋下多汗可能是一种异常的生理性反应，或某些疾病如甲状腺功能亢进、糖尿病等内分泌疾病引起的症状，也有可能是高血压、更年期和副肾皮质激素的作用等。

**解决
方案**

了解了狐臭是跟顶浆腺有关，而多汗症则是因本身的小汗腺或大汗腺过于发达和调节汗水分泌的交感神经腺过于敏感有关，故治疗腋下狐臭与多汗的疗程就要从顶浆腺与汗腺着手。

轻、中度患者可以通过去除腋毛来改善狐臭，中度以上症状若除毛后效果不佳，可选择以下疗程：

① 肉毒素治疗

是对高位种神经的传导进行阻断的方法，施打后几乎不会流汗，顶浆腺分泌也会大幅减少。但因肉毒素作用时间有限制，每6～8个月要施打一次，较适合那些不能接受修复期、害怕手术或夏天才有味道的人，还有未成年患者。一般建议3月或4月施打肉毒素，到夏日时味道就会明显减少。

2　香妃激光

一次疗程即可去除20%～40%的气味并有效减少出汗。此种治疗是以约针孔大小的激光光纤，利用激光热原理破坏顶浆腺与汗腺，就像打针一样，过程也只需15～30分钟，术后无恢复期，手术隔天即可正常活动，完全不影响生活、工作等。不论轻度还是重度症状，治疗一次就有明显的效果，但具体效果因个人顶浆腺与汗腺的耐热程度不同而有差异性。若受术者对热的感受度较好、较不耐热，治疗一次后效果会非常好；反之，若对热的感受度较低、较耐热，则必须治疗多次。一般需要3～6个月做一次，持续做3～6次为一个疗程。因香妃激光是微侵入性分段式治疗，所以必须多个疗程，才可以得到最佳的效果。

3　4D复合式腋香术

目前最新的4D复合式腋香术，采用超音波、微笑振动机及激光三台仪器进行复合式治疗。超音波仪利用钛金属释放36000赫兹音波，产生数百万个绵密气泡，以气泡震散包附顶浆腺与汗腺的脂肪，然后将顶浆腺与汗腺随着被震下的液化脂肪，引流出体外。因为震荡作用不会破坏血管和神经，因此血量少、疼痛度低、消肿快。微笑振动机以压缩气体为动力，吸头以600次/分的振动频率前后运动，以6毫米的振幅旋转运动，作用时形成平行和往复的复合运动。这种运动可以有效地把附着在真皮层上的顶浆腺与汗腺剥离下来，使吸除更容易。最后再以激光将表浅的顶浆腺与汗腺汽化，达到减少异味的效果，也可以抑制汗腺，改善多汗问题。此复合式治疗大大减少了对血管、肌肉、神经等组织的损伤，降低了血水比例，缩短了手术时间，使手术更加安全，也能减轻患者术后的肿胀不适感及瘀青程度，恢复期也大幅缩短。术后只有0.2～0.5厘米的小孔，术后护理也只需贴上轻便敷料。隔天即可恢复工作，两星期后可正常运动。实验显示一次治疗后，气味就能降低60%～80%，出汗会减少，也不会有身体其他部位代偿性出汗的副作用。大部分人做一次就已达到满意程度，味道较严重者，第一次术后可能还有味道残留，需在6个月后再接受第二次的手术治疗。

辅助的方法

1.非侵入式治疗

（1）轻微症状：注意个人卫生，勤沐浴（选择抗菌抑菌清洁产品）、勤换衣（衣服选择透气性的）、忌辛辣刺激食物、戒烟酒，出汗后及时擦干，并涂抹止汗剂、香体剂等产品。止汗剂推荐使用joyla，每天晚上擦一次就可以有效减少费洛蒙与汗液分泌，但各种外用产品使用后如有发生皮肤红肿瘙痒等过敏情况，则应停用。

（2）轻中度症状：若不想长期擦拭止汗剂或擦拭效果不佳，可进行除毛激光照射，会有效降低毛发量，改善闷热，减少出汗并减少细菌的滋生，而细菌代谢产物的分泌也会有明显的降低，异味就会改善。实验证明除毛激光会减少3%～5%的顶浆腺数目。

2.侵入式治疗

（1）旋转刀手术：手术刀口长0.5～1厘米，有恢复期，但较传统手术短，需2～3个星期。术后2周双手都必须夹紧不能举高，保养难度较高，若照顾不慎可能会有皮肤局部坏死需要补皮的情况。虽一次手术就可降低60%～80%的气味，大部分的患者通常做一次满意度就很高，但因其恢复期长，护理不易，渐渐被其他恢复期更短的治疗方法所取代。

（2）传统顶浆腺刮除术与腋下汗腺切除手术：在腋下6~13厘米的位置划开一个口，将顶浆腺、汗腺刮出来。恢复期长达6～8周，在此期间双手都要夹紧无法举高，伤口大，较易感染并有疤痕，建议术后住院两天做观察。术后可降低80%～90%的气味，效果最佳。尽管如此，因术后较不易保养且有伤疤，故渐渐被其他治疗方法所取代。

3.神经截断术

此手术适合合并治疗腋下多汗与狐臭，恢复期为3～5天，术后几乎没有味道，但危险性较高，须找对神经并截断，若截错神经有可能造成半身不遂，一般建议在大医院手术。术后可能会有身体其他部位代偿性增加出汗的情形。

治疗时间：1小时

恢复时间：1周左右

改善程度：60%～90%

复诊次数：1次

手术风险：低

疼痛指数：★★

第七章 毛发
管理

CHAPTER 7

01 头发移植

Tou fa yi zhi

　　头发是指在头顶和后脑勺部位的毛发。头发除了增加美感之外，主要功能是保护头颅，夏天可防烈日，冬天可御寒冷。细软蓬松的头发具有弹性，可以抵挡较轻的碰撞，还有助于头部汗液的蒸发。一般人的头发有10万根左右。在所有毛发中，头发的长度最长，尤其是女子留长发者，很多都能长到90～100厘米，甚至150厘米。

{ 头发的主要问题及成因 }

头发有它自己的寿命，长到一定长度，寿命到头了，它自己就老死，自然脱落下来，这是一种正常现象。任何人都会因此而掉头发，而且是经常性的。而非正常的掉头发，是因为头发的生长受到了影响的缘故。头发的生长需要营养，而营养是靠血液运送的，如果一个人长期多病，身体虚弱，气血不足，头发就会因缺少营养、生长不好而短命脱落。这种情况头发一般掉得比较多。有人生过一场大病以后，头发掉得稀稀拉拉的，可能就是这个原因。

用脑过度，经常心事重重、烦闷，或者遇到了什么事情，精神过于紧张，使大脑受到很大的刺激，也会影响到头发营养的供应和生长。因为人体的一切活动都是归大脑管的，大脑受了刺激，活动乱了阵脚，不能正常地发挥作用，势必使身体的代谢紊乱，进而出现掉头发的情况。有的人遇到重大的突发事件，大脑受了强烈的刺激，一夜之间头发就掉一大片，人们称之为"鬼剃头"。这类的情况经过治疗后，3~5个月头发可以恢复生长。

掉头发还与营养有关，可验血确定是否缺乏微量元素。在掉头发的地方经常用生姜擦一擦，可以促进头发生长。平日饮食营养要全面，适当多吃些硬壳类食物以及黑芝麻。

充足的睡眠可以促进皮肤及毛发正常地进行新陈代谢，而代谢期主要在晚上特别是晚上10时到凌晨2时之间。这一段时间睡眠充足，有助于毛发正常地新陈代谢。反之，毛发的代谢及营养失去平衡就会脱发。

医学上将脱发分为永久性脱发和暂时性脱发两类，具体可以从两方面来判断。第一，从病因上判断。一般由于外伤或由于毛囊炎、头黄癣、疖、痈等造成局部头皮萎缩、毛发脱落的，就属于永久性脱发，因为毛囊皮脂腺结构已被破坏，毛发无法再生。妇女产后脱发以及使用免疫抑制剂、抗肿瘤药物引起的脱发，在祛除病因、积极治疗以后，毛发可以再生；早秃（脂溢性脱发）经过积极正确的治疗也可以有所改善和恢复。第二，从局部头皮情况判断。如果秃发局部的头皮发生萎缩，皮薄、滑、光亮如羊皮纸样，毛孔消失，说明毛囊结构已经破坏、消失，毛发很难再生；如果秃发局部头皮外观正常，毛孔清晰可见，说明毛囊存在，毛发就有生长的基础，经过积极正确的治疗有望痊愈。目前可以借助毛发检测仪器进行专业检测。

解决
方案

1 毛发移植

这是以外科手术为主，治疗永久性脱发的手段。它是将残余的健康毛发供区内的部分或全部毛发通过外科手术进行移植或转移，使毛发重新再分布到脱发区域的过程。所谓毛发优势供区是指这一区域内的头皮毛发能够保持终生存在，不会自然衰老而脱落。它是可供毛发移植应用的区域，一般在枕颞部入发际6~8厘米内。这些移植后的毛发经过创伤恢复后，可保持原来毛发的所有生长特性，在新的移植区域内继续生长，而且终生存在。

由于永久性毛发移植必须选择自体毛发，所以，接受移植者本人，在后头或侧头（或其他部位）必须有一定数量和密度的毛发存在；其次毛发脱落最好处于相对稳定期。在现阶段，毛发移植手术一般在局麻下完成，应用显微外科技术取出后枕部健康的毛囊组织，仔细分离后移植到被移植部位。手术不痛苦，术后即可回家。但整个手术时间较长，通常为3个小时左右。主要原因是：将毛发分离成单个毛囊或极小的毛胚需要花费较长时间，移植时要将单个毛囊或极小毛胚逐一移植到位。

尽管目前脱发的非手术治疗手段多种多样（如补发、织发、药物生发等），治疗角度不同，但是治疗效果大都不确切，很难经过短期治疗就使毛发维持终生不再脱落。毛发移植外科手术是目前唯一对永久性脱发具有持久效果的治疗措施，也是目前解决这一问题的最理想途径。

2 美速丽发

美速丽发通过治疗中胚层（皮下组织），给头皮和毛囊提供营养，有效改善头皮的微循环，营养毛根部，从而使头发和头皮一起恢复健康。美速丽发的核心是水氧设备，通过水氧仪器的压力将营养物质导入皮下毛囊层，目的是使毛囊充分吸收丰富的营养从而止脱生发。另外，通过水氧仪器将毛囊内的油垢清理干净，祛除头皮角质层，使毛发健康、容易吸收营养物质；借助美速枪或微刺滚筒来回滚动，促进药液吸收并使药液均匀分布。

美速丽发利用注射枪通过非常细小的针，将少量的像调制鸡尾酒一样兑在一起的多种药剂，直接注射到头皮下面、毛囊周围，活化头皮内细胞外基质，改善毛发的生长周期；利用铜肽素特有的抗菌作用，抑制长期脱发；可以增加毛囊内纤维的密度，使又细又弱的头发变得健康浓密；其特殊的药剂成分能够促进新陈代谢，祛除自由基、促进胶原蛋白和弹性纤维的交叉结合，还能通过抑制5α-还原酶阻断雄激素向DHT转化，从而抑制对毛囊的损害，改善秃发部位的微循环。

辅助的方法

1.甘草萃取物：改善皮肤过于敏感的情况，改善瘙痒，降低免疫应答，没有激素的副作用，可替代激素长期使用。

2.维生素C+维生素E：治疗炎症、丘疹、继发的毛囊炎等，减轻剧烈的瘙痒症状，增强皮肤的抵抗力。

3.维生素B_3：促进局部血液循环，抑制免疫球蛋白IgE从而止痒，也有预防和治疗湿疹样变的功效。

4.维生素A+维生素E：改善鳞屑样、肥厚、脱屑等皮肤的角化问题，也治疗皮肤的皮损病变。

5.辅酶Q10：增强细胞的非特异性免疫力，加强细胞能量供给，保护细胞DNA。

以上推荐的产品，止痒效果很好而且持久，无副作用，症状改善后需坚持一个疗程，预防复发。有需要的话可以配合口服谷维素治疗。

注意事项

毛发移植手术注意事项：

1.术前一个月须停止使用生发剂。

2.术前一周，停止使用包括维生素E在内的维生素类及阿司匹林类药物。

3.术前24小时内不可过多饮用酒精类饮品。

4.术前要做医学常规检查，如有其他病史或正在服用药品等相关情况，请详细告知医生。

5.手术前一天晚上或当天早上要把头发洗净。

6.请在手术当日穿开衫，以免术后回家脱衣休息时碰伤植发处。

7.出院后，要注意多休息，术后不可驾驶车辆或从事高空作业。

8.睡觉时，可将枕头垫得高一些；术后五天内不要提拎重物或做剧烈运动。

9.手术后请遵医嘱，按时用药，这样可以减轻术后的不适。

10.手术后第二天，请到医院进行术后检查。

11.手术后四天内不能洗头，四天后可使用洗发精洗头，但不可过重揉搓种植部位；移植部位长出的痂，在手术后10天可以开始用温水多浸泡轻轻洗掉。

12.术后4天内，最好不要做运动。4天后，可做轻微运动，10天后，可稍加大运动量，但至少3周内，不能进行剧烈的身体碰撞运动。

13.使用假发的患者，至少一周后，才可以继续使用。

相关知识

现代医学研究表明，男性秃发主要与二氢睾酮（DHT，一种雄激素）及毛囊细胞上的特异蛋白（雄激素受体）有关，两者结合便可引起毛囊的萎缩、退化，从毛发上表现就是毛发变细变短，直至脱落不生。秃顶的患者就是因为有这种雄激素受体而出现二三十岁以后脱发的现象。但人体后枕部毛囊，较少含有这种受体，因而不受二氢睾酮的影响，将其移植到头顶也不会受其影响而出现毛囊的萎缩、退化，而油脂过多只是脱发的伴随症状，而非因果症状。

治疗时间：约40分钟
恢复天数：不需要恢复时间
复诊次数：不需要
失败风险：低
疼痛指数：★

02 睫毛种植

Jie mao zhong zhi

睫毛生长于睑缘前唇，排列成2～3行，短而弯曲。上睑睫毛多而长，通常有100～150根，长度通常为8～12毫米，稍向前上方弯曲生长。男性上睑睫毛的倾斜度，在睁眼平视状态下为110度～130度的占79.8％，闭眼状态时为140度～160度的占83.5％，女性与男性大致相同。

细长、上翘、黑而密并闪动活力的睫毛，是美丽的睫毛。睫毛具有下列作用：（1）可以扩大眼形，增强眼睛的层次感，使之更具立体感、更迷人；（2）与白色巩膜形成鲜明的颜色对比，黑白分明，使眼睛显得更加亮而神采奕奕；（3）具有动态美，在睁眼、闭眼的瞬间，流露出很强的感情色彩，给人一种妩媚的感觉。

{ 睫毛缺陷的主要症状及成因 }

　　根据上睫毛的倾斜度，可以将睫毛的形状分为：上翘形睫毛、正直形睫毛和下垂形睫毛，其中上翘型睫毛最好看。但是上翘形睫毛仅占所有形态睫毛的10% ~ 15%，所以睫毛需要修饰才好看。东方女孩大部分睫毛稀疏，过于平直、数量少、长度短，卷翘度比西方人也差了许多，所以都有睫毛修饰的需求。

解决
方案

　　在现有的睫毛基础上进行移植，首要考虑的是睫毛移植的方向，防止倒睫现象，把握好移植的角度（即与水平线呈 30度 ~ 40 度角），以达到自然美观的效果。通常情况下，一侧移植 40 ~ 50 根即可。

　　睫毛移植也可以利用单株自体毛囊移植，术后无瘢痕，术后睫毛生长自然，可达到浓密、长翘的效果，而且不损伤原有睫毛。

　　因移植的是头发的毛囊，所以移植后的睫毛将会保持头发的特性，不断地生长，所以需进行周期性的修整；自然生长的睫毛丝呈圆锥状，较细软，而移植的睫毛丝呈圆柱状，发丝粗者，移植的睫毛略显粗硬。

　　对于先天性睫毛稀疏、短者，后天因药物治疗不当造成睫毛脱落者，还有外伤性疤痕患者，都可以采取自体毛发移植的办法让睫毛重生。

辅助的方法

1.涂睫毛膏
用睫毛膏的刷头横向和竖向交替进行涂抹。

2.使用睫毛夹
准备适合自身眼形又好用的睫毛夹。

3."嫁接睫毛"
用胶将一定长度的人工纤维一根根粘在自己的每根睫毛上。每根睫毛上都"嫁接"一根纤维，这样整体看上去就很浓密了。如果本身睫毛较稀疏，需要粘两遍，第二遍是在第一次的假睫毛上再粘一层假睫毛，但是不要过分追求浓密，看上去与下眼睫毛的对比太强烈就会失去真实感。睫毛本身很密的人可以不用再过分加密，只要每隔一根自己的睫毛粘一根人工纤维，选择相对较长的纤维就可以达到纤长的效果。用来嫁接睫毛的人工纤维分为两种卷翘弧度：自然卷翘和特别卷翘，如果你希望睫毛看上去非常翘可以选择卷翘弧度很大的人工纤维。

Focus

注意事项

移植睫毛时女性应该避开月经期。有心脏病、高血压、糖尿病或其他脏器疾病的患者不宜做，严重的瘢痕体质者不主张做。感冒、发烧时都不适宜做；心理不健康者、精神病者不应做，否则可能引起手术效果与想象不符的冲突。

03 体毛移植
Ti mao yi zhi

　　在我们身边，不仅女性有体毛稀少的问题，一些男性也被这一问题所困扰。民间一些迷信传说把不长体毛的妇女称为"白虎"，把不长阴毛的男子叫作"青龙"，认为是不祥之兆，一些男性朋友就非常担心这一问题。其实，这些迷信显然是没有科学根据的。对男性体毛稀少者要区别对待，只要不存在其他问题，就大可不必为之烦恼。

体毛稀少的主要成因及症状

体毛稀少者有的是先天性体毛缺少者，有的是手术后留下疤痕者。

当阴毛的受体有缺陷时，阴毛稀少、柔软，而生长受体缺乏或对雄性激素不敏感时，阴毛均不生长。这时很可能伴有腋毛和其他体毛的稀少，也可能具有家族史。

解决
方案

体毛种植除头发种植、睫毛种植外，还包括眉毛种植、胸毛种植、胡须种植、腋毛种植、阴毛种植等。

医生会根据个人的特点进行设计，提取毛囊，这一步根据选择的毛发移植技术不同而有所区别，但基本上自体毛发移植都是在毛发丰富区——后枕部提取毛囊资源。取一块自体的带有毛发的皮肤，切成单根、两根或三根，然后按正常体毛的生长方向和分布进行移植，一根一根地植入需要植毛的部位。

Focus
注意事项

1. 手术后请遵医嘱，按时吃消炎药。

2. 手术后休息3天，以免移植胚脱落。

3. 手术后3天内避免手术部位沾水，3天后可以洗头、洗澡，但不可过重揉搓取发部。

4. 手术后在手术部位用冰块冷敷3～4天，便于消肿。

5. 术后5天内不要提拎重物或做剧烈运动，半个月左右不要穿紧身衣服。

6. 术后9天拆线。

04 头皮养护
Tou pi yang hu

健康的头皮生态环境由三大平衡维持：油脂、菌群、代谢平衡。

{ 头皮问题的主要症状及成因 }

当头皮油脂分泌失衡，头皮就会变得油腻；当头皮菌群环境失衡，有害菌大量滋生，就会出现头痒的现象；而头皮角质层代谢过快、脱落就形成头屑。头发出油、头痒、头屑多、头发干、脱发等都是头皮生态环境失衡的表现。头皮的各类问题如下：

1.头油

部分人头皮油脂腺分泌旺盛，分泌物为油脂和含脂肪的物质，并迅速地遍布每一丝头发的根部即整个头皮。这类人即使刚洗过头发不久，头皮还是会很快变得油油的，不仅影响形象，油脂长期堵塞头皮毛孔，也会使有害菌滋生，严重破坏头皮生态平衡。

2.头痒

头皮上刺痒，即使刚洗过还是瘙痒难耐，忍不住不时抓挠。这实际上是由真菌引起的一种刺激反应，而瘙痒引发的抓挠会引起头皮的进一步损伤，引发头皮角质化形成大片头屑掉落，危害头皮健康。

3.头屑

医学上称为头皮糠疹，是一种由马拉色菌（真菌中的一种）引起的皮肤病。当出现肉眼能够看到的头屑，就意味着是病理性头屑。

解决方案

1 美速丽发

美速丽发又叫美速毛囊营养生发术，对于头皮局部的微循环改善具有一定的疗效，毛发根部的营养状态也会被改善，同时可以延缓毛囊的衰退过程。

辅助的方法

1.铜素胜肽：有防脱发、促生发、密发、养发、抗炎等功效。

2.壬二酸、维生素B_6、硫酸锌协同作用：三种成分协同作用能数倍增强防脱、生发功效。

注意事项

做美速丽发后，油性头发72个小时后每天洗头发，干性头发隔一天洗一次；使用家居护理营养滚珠、有护发功效的洗发水；建议在家里梳理按摩；饮食上和生活习惯上要更加注意。

相关知识

1.想有一头美发，除了要在日常饮食中注意不偏食，吃含有各种头发所需营养的动、植物食品外，还应懂得科学护发。比如洗头，要用洗发水，不能用其他碱性强的洗涤用品，也不能将洗发水直接倒在头上再抹开，这会使直接接触洗发水的头发受到损害。正确的方法是：将洗发水倒在手心，均匀地薄薄地涂抹在头发上，搓洗完毕，必须用清水洗净。

2.在烫发及整理头发时，应特别注意不能让头发承受80℃以上的不流动热温。吹风时的流动温度不能超过120℃。因为超过这个温度，组成头发纤维的角蛋白就会变性，使头发丝膨胀破裂，鳞片脱落，从而变色、断裂、弹性减弱和失去光泽。为此，烫发最好选择冷烫。平时使用一些护发、健发用品，能帮助头发吸收有益的滋润物质，保持原有色泽。

治疗时间：约40分钟
恢复天数：不需要恢复时间
复诊次数：不需要
失败风险：低
疼痛指数：★

发际线

Fa ji xian

　　发际线是面部到发根间的界线，形态高低影响着五官的协调，用中国古代的说法应是"三庭五眼"的比例，即发际线、眉线、鼻底线三条线间等距，一张脸恰好有5只眼睛的宽度。

{ 发际线问题的主要症状及成因 }

前额发际线的高低，对脸部的整体美感具有重要影响。通常男生的发际线以方方的、高高的、宽宽的为佳，而女生的发际线一般来看则是圆形较好。发际线的高低、形状也会对脸型和五官产生微妙的影响，标准的发际线线条比较柔和，与额头接壤处干净，但是由于种种原因，有些人会出现发际线过高或过低的现象，进而影响脸部整体效果。

按美学上的黄金分割法，额头的高度占颜面长度的三分之一最理想，也就是眉毛到前额发际的距离应为整个颜面纵长的三分之一，即所谓的"三庭"。但有些人先天性前额发际异常高，以至看起来外表有前秃的感觉，影响美观。有些人留刘海儿或烫头发以盖住太高的发际，但效果并不理想。

解决
方案

① 发际线过高

方法一：在发际缘的额部设计下移的切口线，切除发际前额部1.5厘米的皮肤，然后在头顶部帽状腱膜下分离，彻底止血，在无张力下缝合。

方法二：在发际前的额部设计新的发际线，然后采用单株植毛发术或柱状植毛发术。植毛发可分几期进行，头枕部是理想的供毛区，这种方法成活率高，但分期植毛时间拖延较长。

② 发际线过低

方法一：在发际内设计上移的距离。在局麻下切除发际侧头皮1.5厘米，分离额部及头皮两侧皮肤，在无张力下缝合。

方法二：画出发际内提升设计线，然后沿设计线切开头皮，在切口近端分离出头皮毛囊层，然后用剪刀或电刀将近侧毛囊均予以破坏，止血后原位缝合。术后近端毛发脱落。

1.术前须知

（1）术前一个月须停止使用生发剂，如Minoxidil等；

（2）术前一周停止使用包括维生素E在内的维生素类及阿司匹林类药物；

（3）术前须少量进食；

（4）术前24小时内不可过多饮用酒精类饮品；

（5）术前做医学常规检查；

（6）手术前一天晚上或当天早上要把头发洗净；

（7）请在手术当日穿开衫，以免术后回家脱衣休息时碰伤手术部位；

（8）术前患者如有其他病史或正在服用药品等相关情况，请详细告知医生。

2.术后护理

（1）抗生素：术后每日3次，每次2粒，饭后服用，服用4天；止痛药：当伤口有不适或疼痛时，可口服1片，每次服药间隔6小时（或遵医嘱）；

（2）术后7日内应避免食用刺激性食物，暂时禁酒，停用阿司匹林及维生素E将有助于避免渗血的发生；

（3）有少数患者在术后第三天或第四天会出现轻度水肿，这属于正常现象。为减轻肿胀，您可以在术后前三天睡觉时将头部抬高；用冰袋敷在前额及头部两侧（3～5分钟/次）。注意：请不要将冰袋敷在手术部位；

（4）在术后几个小时内手术区域将会形成小血痂，术后10天内请不要强行抠抓这些小痂皮。它仍会在术后2周内自行脱落。超过2周，小血痂必须祛除，以防止不必要的感染；

（5）手术24小时后可以到医院进行免费冲洗；术后第四天开始正常轻柔洗发。将少量洗发液倒在手掌中，轻轻揉搓移植处的头发，然后用清水冲洗干净即可。注意：请不要将洗发液直接倒在移植处。不要用毛巾用力擦头皮，可用毛巾轻轻将水吸干或用吹风机将头发吹干；

（6）术后第10天拆线，在缝线拆除前后枕部供发区将会有轻度的紧绷感，这属于正常现象。拆线后24小时之内不要洗头；

（7）术后15～40天，移植的毛发会脱落，新发2～3个月开始生长（一般为1厘米/月的速度），6个月后长出70%左右，可以看出初步效果；大概9个月以后其余部分全部生长出来，达到理想的临床效果。

相关
知识

1.如何调整发际线以达到自然标准？虽然发际线调整一般多是在高低上进行调整，但这中间也是需要把握度的。如果脸型短，发际线种植时需要适当提高，以拉长脸型；如果脸型原本就比较长，那么在种植发际线时需要适当降低发际线的高度。

2.手术前先设计出适合的发际线，喜欢"美人尖"的可以按照要求画出尖尖的形状。毛发移植片的供区多选自头皮后枕部，将分离好的毛囊单位依照自然走向，移植到设计好的发际线部位，毛发移植后得以成活，有赖于和受区建立血晕。

治疗时间：约40分钟
恢复天数：不需要恢复时间
复诊次数：不需要
失败风险：低
疼痛指数：★★

06 腋毛祛除

Ye mao qu chu

{ 主要症状及成因 }

　　一旦长出腋毛，腋窝里常常是汗津津的。与孩子相比，成人的汗水有一种特殊的气味。如果不及时清洗，不久就会散发一种令人不愉快的气味。如果勤洗澡，勤换衣服仍不能改善这种状况，最好去看皮肤科医生。

　　有些人在炎热季节会发现腋毛的颜色异常，变成黄色、黑色或红色。这是为什么呢？如果仔细观察就会发现，其实并不是毛发变了颜色，而是在毛干外面包绕了一层黄色、黑色或红色的集结物。这些集结物可以是坚硬的，也可以是柔软的，呈小结节状或较弥散，使毛干变脆易于折断。病损部位的皮肤正常，但通常多汗。由于集结物的颜色不同，汗液可呈黄色、黑色或红色。本病一般无自觉症状，患者往往在无意中发现。这种病症医学上称为腋毛癣，是由细菌感染引起的。病原菌是纤细棒状杆菌。本病的发生不受种族和性别的限制，好发于气候温和或炎热的季节。

解决方案

1 电动脱毛器

电动脱毛器是一种夹轮式电动装置，实用、快捷、长效，一般可维持2～3周的光洁干净，使用较方便，携带较便利，随时随地就可以操作使用。但唯一的缺点是尽管已经做过许多的改良，但使用时还是会有一点疼痛感。

2 脱毛软膏

使用脱毛软膏是一种很好的暂时性脱毛法。在有需要的部位挤上一些，稍等片刻后用竹片等硬物反方向刮除，体毛就会陆续脱落。脱毛膏脱毛方便、无痛，但它不能像脱毛蜡那样将毛发连根拔起，所以效果只能维持一周左右。并且有些人还对脱毛膏有过敏反应，所以应事先做局部测试，结果呈阴性后才能使用。

3 剃毛刀

剃除法是最经济方便的脱毛方法。使用剃毛刀不仅快速无痛，还能随时进行，剃毛刀也可重复使用。新一代剃毛刀可顺着体表起伏将体毛刮干净，降低除毛后毛渣残留的比例，不过最好还是养成每天刮除的习惯比较好，因为毛发长出的时间间隔还是比较短的。

4 脱毛蜡

脱毛蜡的脱毛效果比较好，也比较省事，美中不足的是它有疼痛感。用脱毛蜡脱毛一定要一口气将脱毛蜡片全部撕去，这样效果才完整。

5 激光脱毛

一般情况下，要根据不同部位选择不同的脱毛方式和仪器。半导体激光脱毛适合各种肤色、不同部位及各种毛发，疼痛小、无损伤，更适合大面积、长时间脱毛。医生会根据个人毛发部位和体质情况，制订脱毛方案，充分利用多种手段配合治疗，达到完善的脱毛效果。有效的激光与光子脱毛术是利用毛囊中的黑色素细胞吸收特定波长的光，使毛囊发热，从而选择性地破坏毛囊，同时，所发射的热量可以经由毛干截面传导至毛囊深部，使毛囊温度快速升高，从而达到在避免损伤周围组织的同时祛除毛发的效果。但是这种方法对于特异性毛发（毛发颜色浅的如女性唇毛）效果不好，疤痕体质者使用容易产生疤痕，而且也不可以用于肤色较黑的人，治疗时疼痛感较强。

6 810纳米半导体激光结合IN-Motion滑动技术脱毛

利用高平均功率和每秒10个脉冲的重复频率让激光能量快速到达真皮层。滑动的10赫兹激光确保毛囊在此温度维持一段时间，毛囊与生长干细胞即失去生长活性。脱毛效果的好坏与疼痛感主要还是在于医生的技术水平。

注意事项

1.激光脱毛前注意事项：

（1）激光脱毛前，要先清洗和消毒需脱毛的部位。有的女性自己在家用蜜蜡脱毛，这时最好用少量爽身粉吸干皮肤表面的油分，以增强蜡的附着性；另外因毛细血管、毛细神经集中在毛根，拽拉毛发时易引起疼痛。

（2）激光脱毛前，用毛巾包上冰块，冷敷在脱毛部位可减轻疼痛感。脱毛时不宜过于用力，否则会刺激皮肤，加剧疼痛感。

2.激光脱毛后注意事项：

（1）治疗后3个月至半年内请避免日晒，并使用医生指定的防晒乳液敷于患部以减少阳光照射的伤害。

（2）治疗后可能会产生轻微红肿、皮肤敏感及热或痒的感觉，感觉疼痛时可用冰敷减轻疼痛。

（3）治疗部位避免热水烫洗及用力擦洗。

（4）激光脱毛后，应该用酒精消毒，并在脱毛的部位涂一些有消炎作用的药膏，以免引起毛囊炎。

治疗时间：约40分钟

恢复天数：不需要恢复时间

复诊次数：不需要

失败风险：低

疼痛指数：★

07 体毛祛除

Ti mao qu chu

{ 主要症状及成因 }

体毛浓密，女性唇毛过重，穿比基尼需要修型，胡须需要造型，长期用刀片刮除毛发或使用脱毛膏除毛会使毛发更加粗重坚硬，这些原因都使我们想要进行体毛祛除。

解决方案

❶ 激光光子

适合： 适合部位深、毛发粗的局部，尤其对难度较大的发际、比基尼线部位的治疗更具优势。

不适合： 特异性毛发（毛发颜色浅的如女性唇毛）。疤痕体质容易产生疤痕，而且也不可以用于肤色较黑的人。

疼痛感： 较强。

❷ Lightsheer半导体激光

适合： 适合各种肤色、不同部位及各种毛发，更适合大面积、长时间脱毛。

疼痛感： 弱。

❸ e乐姿

适合： 适合皮肤上任何颜色、任何粗细和深度的毛发。对于大面积的部位如背部和女性的腿部等，其优势十分明显。

疼痛感： 无。

注意事项

1. 操作人员术中注意事项：

（1）操作时激光头与皮肤轻轻接触，不要用力挤压皮肤，以免造成灼伤；

（2）严禁将激光头对准眼睛，手术中请受术者闭上双眼，以免造成眼部损伤；

（3）选择合理的技术参数，要清楚地认识到强光可能对皮肤造成损伤，在正常操作前要先做一个试验光斑（耳朵下方），过20分钟后观察反应，若有明显的红肿要降低能量；

（4）手术工具要轻拿轻放，用完后要放在拖架上固定；

（5）治疗时可在表面涂用麻药（但麻醉剂会使皮肤和血管收缩，对嫩肤有负面影响）；

（6）将导光晶体贴于皮肤表面，对于敏感部分应抬高到2～3毫米；

（7）皮肤较黑、较敏感的，24～48小时皮肤出现延迟反应较常见，不能因为即刻反应不太明显而随意提高能量密度；当需要调整能量密度时，每次跨度不要太大。

2.受术者术后注意事项：

（1）注意冷喷或冷敷，术后要用冰袋冷敷20分钟左右，并涂抹芦荟胶以缓解术后反应；

（2）术后3～7天用冷水清洁面部，有结痂的部位不要搓揉；

（3）注意防晒，可用防晒指数大于SPF30的防晒霜；

（4）不要食用辛辣等刺激性大的食物、海鲜以及光感性蔬菜（芹菜、菠菜、香菜、白萝卜等）；

（5）在e光美容期间和美容后的两个月内，不要使用含激素的功能性化妆品或药物。

3.其他注意事项：

（1）患部不要有炎症；

（2）怀孕期禁止进行e光治疗；

（3）用热毛巾敷患处，保证皮肤不脱水（脱水容易引起皮肤出血）；

（4）清洁患部（用清水冲洗干净即可），不能残留化妆品；

（5）受术者e光治疗前须照相，以便治疗后做效果对比；

（6）治疗前要了解该机器的原理，预计需要治疗的次数及治疗时间间隔。同时还要了解禁忌症以及可能有的风险和副作用，并且一定不要对仪器有恐惧心理。

相关知识

1.人类的体毛不仅阻挡了臭虫，而且为其他寄生虫设置了障碍物，例如蚊子、扁虱和水蛭。人类保留了这些有用的体毛，但是它们的重量和厚度却随着进化不断减少了。太厚的体毛虽然具有保暖和保护作用，但也为寄生虫提供了很好的藏身处，因此很难清除它们。 以前的研究已经证明，人类的体毛有助于维持汗腺。除此以外，体毛可能还存在其他至今仍未发现的功能。

2.人体毛发生长周期分为三个阶段：生长期、过渡期、休止期，只有处于生长期的毛发才能有效地被祛除。一次性完成脱毛是虚夸，有效的治疗应在治疗后1个月内基本没有毛发生长，再次接受治疗的间隔周期应为2个月左右。

治疗时间：约40分钟
恢复天数：不需要恢复时间
复诊次数：不需要
失败风险：低
疼痛指数：★

比基尼线

Bi ji ni xian

比基尼线的具体位置是在人体的腹股沟处。通常我们在穿三角内裤的时候，三角裤V字形的边缘就是比基尼线的位置（又称腹股沟）。这里，比基尼线是指腹股沟、阴部周围、肛部周围的多余毛发。

{ 主要症状及成因 }

比基尼脱毛就是脱除隐秘部位的毛发，以防穿着性感迷人的比基尼泳衣时露出不雅的"杂草"，影响会阴部周围的美感。

解决
方案

冰点激光脱毛采用激光脱毛标准的810纳米半导体激光，通过特殊设计的双脉冲激光，只用较低能量密度照射皮肤，透过表皮的第一个激光脉冲加热皮肤组织与毛囊。第二个脉冲选择性地将毛囊温度进一步提升至45℃左右，滑动的10Hz激光确保毛囊在此温度维持一段时间，毛囊与生长干细胞即失去生长活性，从而达到永久脱毛的目的。

注意事项

1.比基尼脱毛前勿用脱毛膏及化妆品，脱毛前洁身沐浴。

2.激光透过皮肤时有一定的温热感，这是正常的现象，对特别敏感的人，医生会选择性地用一点表面麻醉剂；治疗后，在治疗部位会有轻微的灼热感并会出现毛发变白、变黑、变焦和毛囊周围皮肤较轻的红斑，此属正常反应。如有必要，可做10～15分钟的局部冷敷以缓解或消除红热现象。

3.脱毛后存在于治疗区域的残留毛桩可在24小时后予以刮除，也可待其几天后自行渐次脱落。

4.极少数人治疗后有可能出现结痂、水泡或暂时性色素改变。如果出现，请配合医生做相应治疗。

5.脱毛后应避免暴晒。

6.不能用太热的水洗脱过毛的皮肤。

7.不能吃辛辣的食物。

8.不要穿染色过深或不干净的内裤，因为手术过后皮肤比较敏感，容易发炎。

9.多吃含维生素C的水果，或直接吃维生素C含片。维生素C可以提高皮肤抵抗力，减少色素生成。

10.注意使用对皮肤刺激较小的清洁品或护肤品，刚手术完最好不用。

11.每次脱毛后30~45天要及时到整形医院复查，医生会根据具体情况安排下一次脱毛时间及脱毛范围，直至彻底解决。

相关
知识

由于私处黏膜较为脆弱，所以比基尼脱毛并不对阴部毛发进行治疗，但可根据个人喜好，为毛发做修形。

在欧美国家已然流行好一阵子的Brazilian wax（巴西式比基尼除毛），就是《欲望都市》中让Carrie痛到尖叫并且感觉"很凉快"的比基尼除毛方式，

指的是利用热蜡将私处的毛发里里外外全部脱除（或只留上方一小撮）的除毛方式，不过这种方式的难度比较高，通常无法在家DIY，必须到美容院找非常有经验的专业人士操作。如果你又前卫又不怕痛，不妨试试看。

治疗时间：约40分钟

恢复天数：不需要恢复时间

复诊次数：不需要

失败风险：低

疼痛指数：★

纹绣

Wen xiu

　　纹绣技术实际上是一种创伤性皮肤着色技术，将色素植于皮肤组织内形成稳定的色块，由于表皮很薄，呈半透明状，色素透过表皮层，呈现出色泽，达到掩盖瑕疵、扬长避短、修饰美化的作用。刺入皮肤的色素均呈小颗粒，直径小于1微米，很快被胶原蛋白包围，但无法被巨噬细胞吞噬，从而形成了标记。

{主要症状及成因}

　　1.眉部形态不佳： 由于疾病或其他原因引起的眉毛或睫毛脱落；眉毛或睫毛稀疏、色浅；两侧眉形不对称、眉形不理想；外伤或手术引起的眉毛或睫毛缺损，眉中或眼睑睑缘瘢痕；绝大多数亚洲女性，相对毛发浓密的白色人种，眉毛多数细软，尾端下垂。

　　2.唇形不理想： 先天性唇形不理想，唇峰不明显；唇红线不清楚，有断裂或缺损；唇缘严重缺损不齐，唇薄，长短不成比例；因贫血，心脏及循环系统病变而造成的唇部色泽暗淡无华。

　　3.乳晕形态及色泽缺陷： 因年龄的增加、长期劳累、生理机能衰退，出现乳晕、乳头褪色发暗；由于皮肤病或乳房手术使乳晕缺损、乳晕部分为扁平疤痕、色素脱失变白、色素变浅及乳晕色素过深；先天性的乳晕颜色过淡、过小。

解决
方案

① 纹眉

（1）点状纹眉（种眉）

　　这是一种经过改良的损伤最小的平面纹眉。这种纹眉方法只需用针点上药水刺其眉毛囊口让其着色即可，看上去像眉毛的根部变粗，此方法只适用本身眉形较好只是眉毛较少或较细小者。

（2）平面纹眉

　　这是一种最为古老的纹眉艺术。古老的纹眉是将一些自己喜欢崇拜的图案（如爬虫类动物）纹绘在眉额部，用以展示自己英武、健美的一面。后经历代美容师的改进演变成今天的平面纹眉。其特点是：眉形图案标准，颜色深浅平均。

◆324◆

（3）立体纹眉

这种纹眉是后来美容师从绘画艺术中领悟而来的。它的主要特点是突出线条，具有长短不齐、粗细不一的毛发线条特点，纹时用针走向与眉毛方向一致。

（4）仿真立体纹眉

这种纹眉方法是近几年来各地的美容师几乎同时创造发展的一种纹眉的最佳方法，现已被美容界推广使用。它的特点是以咖啡色为基础，结合光学的原理及美学的原理对眉形进行模拟文色，在不破坏原有眉形的基础上衬托出眉形的神韵美及动态美，但此种方法对原本无眉毛者不太适合。

2 纹眼线

纹眼线包括纹上眼线、纹下眼线两种，而要想实现最佳的纹眼线的效果，通常要遵循以下的原则：

（1）眼线的位置：位于眼睫毛根部往上；

（2）眼线的宽度：上眼线宽为0.8～1毫米，下眼线宽为0.4～0.6毫米。

（3）眼线的长度：视眼睛的大小而定；

（4）眼线的弧度：与眼睫毛弧度平行；

（5）眼线的颜色：应以帝黄黑为准。

3 纹唇

（1）将唇部以及周围皮肤用75%的酒精或1%的新洁尔灭棉球消毒；

（2）纹绣师根据求美者的脸型、五官、唇形、职业特点及个人性格喜好，设计出求美者满意的唇形；

（3）纹绣师根据求美者的肤色、唇色及个人喜好选择适宜的颜色；

（4）纹绣师通过纹绣仪器将色料刺入皮肤，做完一遍后，用1%的新洁尔灭棉球擦去浮色，观察上色情况，然后边敷麻药边重复操作，直到求美者满意。

注意事项

1.纹绣须注意色泽的搭配：应根据求美者发色、肤色、眼球色、年龄、职业配制相应的颜色。

2.纹绣须注意眉形的设计：应根据求美者脸型、职业、性格、天然条件进行眉形设计。

3.结痂期间，纹绣部位有些发痒是正常反应，不要用手抠。

4.脱痂前不可以沾水及蒸桑拿、做美容；每天遵从医嘱涂抹修护产品、芦荟胶或者红霉素软膏。

5.有觉得不妥的问题要及时跟纹绣师联系，不可自行处理。

相关知识

纹绣的过程是直接刺破皮肤注入色料，所有接触到求美者皮肤的器具都要进行消毒处理，纹绣针片应保证一人一针，采用一次性的消毒灭菌用品防止交叉感染。要保持操作环境的洁净、卫生与空气流通，定期进行灭菌消毒处理。操作前要对纹绣部位的皮肤进行消毒。医疗美容的效果不佳，可能与消毒灭菌未做好有关。

第八章 错误
观念

CHAPTER 8

整形是从第一次世界大战后才逐渐兴起的，而整形美容的发展也就是最近二十年的事。所以，总体上讲，这是一个新事物，在其迅速发展的同时，人们难免会有认识上的偏差或误解，产生一些错误观念也是正常的。以下将罗列一些常见的错误观念，以帮助求美者提高认识，掌握正确的整形美容观。

观念对撞

1. 整形只能自费，所以就像买东西，一定要比价，而且越便宜越好。

事实上，整形不像买东西那么简单，买错了东西还可以退换货。如果整坏了可能要花更多的时间、金钱来补救，可不是一句"我要退货，还我原来的样子"就能解决的。所以，选择整形诊所时，千万不要陷入价格战的深渊，应该重视医生专业度，看其使用的医美器材是否合法。

2. 只有麻醉科医生才能进行麻醉。

或许您曾在新闻上看过有病人在手术过程中因为麻醉不当而死亡的案例，所以认为只有麻醉科医生才能执行麻醉工作。其实在医生训练的过程中，使用麻醉药物也是其中的一环，所以，只要是合格的医生就可以为病人进行麻醉。

3. 只有医美诊所，才可以销售医美相关产品。

或许您曾经到过某间内科诊所，发现里面也销售一些医美产品而感到疑惑，以为这样是不合法的。其实，只要诊所内销售的是通过卫生部门检验合格的产品就是合法的，无需担忧其是否违法。

4. 整形，就是要让自己像某位明星或模特儿那样。

因为每个人对美的定义都不同，这是非常主观的事，再加上每个人都有自己的独特性，不可能跟别人一模一样。因此，准备整形时千万不要拿着明星照片，要求医生把自己整得和她一样美，这样的想法是不正确的。因为美的定义是必须与整体——五官及身体形态搭配协调的，放在别人脸上美丽的双眼皮或鼻形，放在自己的脸上不见得也一样美丽，甚至有可能不协调到吓人的程度。所以好好与医生讨论与评估自己的状况，选择适合自己的样子才是最好看的。

5. 微整形一定要找皮肤科医生才比较好。

过去大家都觉得医学美容、微整形，就要找皮肤科医生，以为美容微整都是打在皮肤上，所以皮肤科医生会比较专业。事实上，皮肤科医生主要是对皮肤构造、皮肤疾病比其他科别的医生了解更多。但微整形的成功与否，主要与美感、技术有关，与属于哪个科无绝对关系。所以找一位能沟通、了解您需求的医生更重要。

6. 整形后跟想象的不一样，一定是医生的错，医生要负全责。

有时会有患者抱怨整形失败，而最常听到的就是"跟我想的不一样，我不是要这样子的"。然而，很多案例不能算是失败，因为有时候是事前沟通不到位，或是患者术后无法配合，导致恢复不如预期，这样的状况不完全是医生的责任。因此，事先咨询、沟通时一定要清楚、明确地表达自己的想法，才能让手术医生了解您的状况。

7. 只要植发就不会再有掉发、秃头的问题了。

有些人在植发几年后，发现又开始掉发，于是就认为植发根本就没有效。其实掉发本来就是因为毛囊不够健康，所以才要将健康的毛囊移植到落发区，使该区域长出毛发，但人会老，毛囊也会老化，所以自然会再次发生掉发现象。

8．雄性秃（脂溢性脱发）的药物很贵，但有人说跟治疗前列腺的药一样，所以吃前列腺疾病药物也可以。

有网友在网络上提供治疗雄性秃的方法，教大家自行购买治疗前列腺的药物"波斯卡（proscar）"，说是其中含有可以抑制5α-还原酶的成分，可以用来治疗雄性秃，而且比一般的雄性秃药物便宜，只是因为剂量较重，所以要把它切成小块或磨成粉分次服用，才会有效果。其实，这种做法大错特错。虽然波斯卡的确具有抑制5α-还原酶的成分，但不应该自行把药物切小或磨粉来服用。原因是自行分切的技术不能保证每份剂量都一样，而且容易造成药物污染，这样就会影响治疗效果。更重要的是分切过程中产生的粉末，若让家中不知情的孕妇吸入，

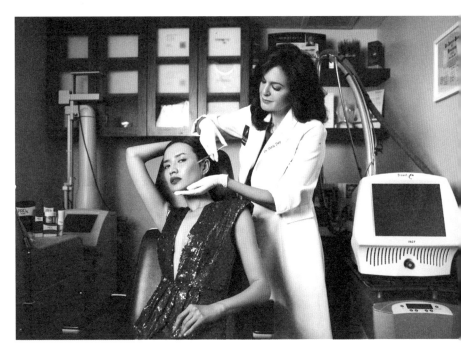

会造成胎儿性别男性化，这样的做法只会害人害己。

9.肉毒素是毒素，长期注射会因累积太多剂量而中毒。

这种状况几乎不会发生，因为肉毒素是一种天然、纯化的蛋白质，会随着时间被身体代谢，而且每次的注射剂量都远低于中毒剂量，所以不可能中毒，也不会发生累积中毒的情况。

10.每间诊所的玻尿酸收费都不同，收费高的诊所真的会赚很多。

玻尿酸的种类有很多种，每家医院用的产品不同，收费也就有所差异，如果为了追求低价，而使用不合法、没有保障的玻尿酸制品，一旦打入体内出了问题，可是求助无门。建议消费者在施打前要小心谨慎选择有信誉的医生，好的技术、经验及服务品质才重要，而不是好的价钱。

11.网络上常有瘦脸达人，教大家按摩瘦脸，所以瘦脸不一定要接受医美治疗。

从生理解剖构造来看，脂肪和脂肪之间是有隔板的，所以不管怎么按摩推挤，脂肪都不可能凭空消失。或许在按摩后，会有脸部变小的感觉，但这只是水分被推走的短暂效应，很快又会恢复原状的。

另外，也有人表示多做脸部运动就可以瘦脸。其实这是因为有些人的大饼脸是脸部肌肉松弛导致脸型看起来松、垮、大，因此适当锻炼脸部肌肉是有可能让脸型看起来结实而变小。但也要小心，过度锻炼可能会使脸部肌肉变得粗壮，且对于非肌肉松弛型的"肥肥脸"也没效。

12.大家都说隆鼻后就有开眼头的效果，这样就不用额外再做开眼头的手术了。

隆鼻把山根变高，确实会让眼头稍微近一点，但效果有限，对于只需要开一点眼头的人或许有帮助。如果是有严重蒙古褶的人，即使把鼻子垫得再高也没用，还是要开眼头才能有放大眼睛的效果。

13.命理学上说"卧蚕"是桃花眼的象征，表示人缘好，所以卧蚕越大越好。

虽然在命理上有卧蚕象征人缘好的说法，但是否适合每个人则要看眼睛的大小而定。如果是大眼睛的人，也许可以营造无辜可爱的感觉，有加分的效果；如果是眼睛很小的人，再加上卧蚕，只会让人感觉没有精神。所以，在做卧蚕时，要评估整体眼形，适时搭配双眼皮、开眼头等手术会有更好的效果。

14.有眼袋的人，泪沟看起来很深，所以做完眼袋手术后，泪沟也会不见了。

泪沟是由泪沟韧带造成的，与眼袋并没有绝对相关性，即使没有眼袋的人也可能会有泪沟。不过最常看到的状况是眼袋和泪沟同时存在，并且凸出的眼袋还会加深泪沟的阴影，故在整形治疗上最好同时处理。

15.看到黑眼圈就会想到是熬夜的关系，所以只要睡眠充足就不会有黑眼圈了。

因为长期睡眠不足会让眼睛周围的血管和黑色素不断沉淀，所以就算后来改变睡眠习惯和品质，黑眼圈也很难消失，这时候就要通过一些激光治疗来淡化黑色素。

16.隆鼻后的假鼻子很脆弱，不小心碰撞就会歪掉。

过去的隆鼻手术，都是采用硅胶或其他不可被人体吸收的异物植入，所以，当有外力撞击时，是有可能出现鼻子歪斜的危险。现在的技术与材料已越来越先进了，像玻尿酸、自体脂肪或现在很流行的韩式4D隆鼻的材料，都是可吸收的，治疗过程也较以前快速、安全，且施打后可与组织相融，不易造成位移。

17.刺青可用激光来祛除，所以纹唇后不满意，也可以通过激光除掉。

激光除刺青主要是利用其黑色染料吸收激光能量后被破坏的特点，但纹唇的颜色是粉红色系，没有很有效的办法靠激光来祛除，所以一旦纹唇后不满意是很难恢复和原来一样的色泽的。

18.削骨手术很危险，一不小心就会丧命。

做手术就会有一定的风险，没有任何手术绝对、百分之百安全。只是削骨手术相较于其他医美手术难度较高，所需的时间较长，麻醉的时间也就相对拉长，因此风险也就略高。

19.肝斑、孕斑、雀斑、黑斑等所有皮肤问题，都能用激光解决。

皮肤可分为表皮层、真皮层和混合层，不同的病灶要治疗的位置也不同，而激光也依照波长和介质的不同，可以分成打黑、打红和打水三种。打黑是指波长容易被黑色素吸收，可以祛除黑色素；打红是指波长容易被血红素吸收，可以治疗血管瘤；打水是指波长容易被水分吸收，可以汽化表皮细胞。

所以，不是所有的皮肤问题都用同一种激光治疗，也不是所有的激光都能治疗同一种皮肤问题。还是要找专业医生咨询，才能真正了解自己的皮肤问题，选择有效的治疗方式。

20.有人说黑斑打掉后反而会变成白斑，皮肤看起来还是花，还不如不打。

过去的激光仪器主要是破坏黑色素，可因能量难以控制，治疗同时也可能也会把黑色素细胞杀死，导致黑色素不再生成，变成白斑。但现在的激光技术已改进成极小光束，且能清楚定义治疗深度与能量，能够精准施打在需要破坏的皮肤位置，正常肌肤可全部被保留下来而不受激光影响，自然不用担心黑色素细胞会被杀死。

21.广告上总是说打激光就像轻拍脸颊，几乎没有痛感。

事实上，激光能量决定了施打时的感觉。能量低，痛感就弱，可是效果会打折扣；能量高，痛感就强，效果相对就好。所以如果真的很怕痛，建议先涂麻醉药膏，以减轻激光过程中的不适。

22.医美疗程里有很多名词，有的叫"净肤激光"，有的叫"柔肤激光"，也有的叫"白娃娃激光"，这些都是一样的。

不同的制造厂商确实会取不同的名称，但"净肤激光"、"柔肤激光"和"白娃娃激光"都是波长1064纳米的Nd：YAG激光，所以消费者还是要仔细了解自己要做的是哪一种疗程。

23.自体脂肪很容易被人体吸收，效果不佳。

在过去，因为没有生长因子与干细胞技术，所以自体脂肪移植存活率偏低，导致大家对于治疗效果没有信心。现在的技术已能让脂肪存活率大大提升。自体脂肪可以说是目前医美注射填充物中最自然的，再加以纯化，填补到凹陷的地方，不用担心有排斥的问题。尤其是填补到胸部，不但自然柔软，而且没有包膜挛缩或破裂的风险，已是大家最喜爱的填充注射剂。

24.皮肤保养品有人参、鲑鱼卵、胎盘素等高档成分，用了真的很好。

其实不管是什么样的产品或成分，最重要的是皮肤是否会吸收，否则再高价的保养品擦了也不会有太大的效果，而且更要小心不法经营者添加不良成分在保养品内，这样的产品反而会让皮肤愈擦愈糟。

25.广告中的保养品宣称适用于任何肌肤，不但能拉皮除皱，还能治疗伤口疤痕，太好了！

保养品要被皮肤吸收，必须要具备分子量小、亲脂性高等特点。所以很多保养品号称"擦的肉毒素"是夸大的广告，因为肉毒素的分子量太大，无法被皮肤吸收，自然也达不到效果。另外，如果表皮有伤口还是要让医生治疗，毕竟开放性伤口很容易感染，如果因为乱擦保养品而导致化脓溃烂，就后悔莫及了。

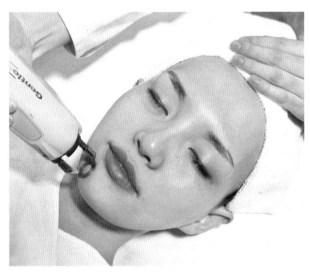

26.市面上最新的"舒颜萃"号称是液态拉皮，可以让皮肤变紧实，是目前最好、最安全又有效的治疗。

舒颜萃（英文名称为SCULPTR）是一种"聚左旋乳酸（poly-L-lactic acid）"的植入物，其实在医学上已被广泛使用，如可吸收羊肠线就是这种材质，近年被用于医美上是因为其植入物对人体产生的刺激反应，会使胶原蛋白增生而达到抚平皱纹和填补凹陷的作用，但施打后要等1个月左右才看得到效果，约可维持两年，很适合不希望被人发现做微整形的求美者。

27.肉毒素刚施打完后4个小时内都要保持直立，不能平躺，也不能低头，否则药效会扩散，造成脸部五官变形，这是真的吗？

过去厂商在使用说明书内特别标注"肉毒素打完后不能平躺，要保持直立4个小时"，这样的说法并没有医学根据。因为肉毒素注射到肌肉后，只要不去按压注射部位，打入的药剂并没有那么容易就扩散开来，和什么姿势没有绝对关系。

28.胶原蛋白可以让皮肤更Q弹，所以每个人都可以施打。

因为目前市面上使用的胶原蛋白来源大都是猪、牛等动物，所以会有潜在过敏的风险，在施打前最好做过敏测试，尤其是过敏性肌肤的人要特别小心。

29.医美花费高，还不如天天敷面膜，整体花费更省。

因为面膜含有保湿成分，会让角质层吸水膨胀，所以敷完面膜会立刻觉得细纹变少，皮肤变亮，但这些效果都是短暂的，无法真正增加皮肤的胶原蛋白。最好的抗老做法是定期接受医美专业保养，然后平日使用适合的保养产品，做好居家保养。

30.只要定期打美白针或做医美美白疗程，就可以不用防晒了。

事实上不论是否做专业治疗，都应养成防晒的习惯，因为紫外线是造成皮肤老化、长斑的元凶。如果任由紫外线持续伤害肌肤，就算花了一大笔钱，选择高科技的仪器祛除斑点，或购买很贵的保养品来涂抹，效果一样会大打折扣的。

31.激光后会返黑，还是不要轻易尝试。

皮肤激光后会不会返黑，主要和几个因素有关：
（1）激光热损伤：激光的热损伤越严重，返黑的几率越高。旧型的激光仪器，打到皮肤后容易造成大面积破坏，导致皮肤发炎，发炎越严重返黑就越厉害。但现在新型激光仪器功能强大，可有效减少热损伤和返黑问题。
（2）个人体质：黑色素细胞特别旺盛的患者，因为较容易分泌黑色素，故返黑几率较高。
（3）日晒因素：在皮肤修复期间，若照射紫外线，就容易产生返黑情况。

32.饮食、运动都没办法让体重往下掉，干脆抽脂，随随便便都可以少个10公斤吧。

很多人都以为抽脂就是减重，这样的观念是错的，因为脂肪的密度低，所以其实并不重，但体积却很大，所以抽脂主要是为了雕塑形体，使身形比例看起来更匀称，抽脂后的体重并不会下降太多，但脂肪比例却会降低很多哦。

33.为避免之后无法正确筛检乳癌细胞，最好不要做自体脂肪丰胸。

过去因为脂肪存活率不佳，而死亡的脂肪细胞会钙化，加上当时的乳房检查技术落后，无法分辨乳房钙化是脂肪原因还是癌症原因造成的，故过去医疗人员都很反对自体脂肪隆胸。随着近年来影像医学技术的进步，可以清楚分辨脂肪钙化和癌症钙化，而且自体脂肪移植的存活率也大大提升，只要找专业、有经验的医生，就可以减少脂肪坏死、胸部产生硬块或囊肿的发生率。

34.抽脂后，脂肪变少了，所以再怎么吃也不会复胖。

很多人在抽脂前为了减肥，都小心翼翼控制饮食，但在手术后因为身材明显变好，压抑已久的食欲便宣泄出来，不但毫不忌口，还大吃大喝，所以一下子体重就上升，身材也变形了。

这是因为抽脂是让脂肪数目变少从而达到雕塑形体的效果，但脂肪是活性细胞，所以当摄取过多热量时，还是会让它的体积变大。如果术后不好好控制饮食热量，体型自然会再变大，尤其是没有抽脂的部位，其脂肪体积变大的情况会更严重。

35.胸部丰满的女性会长副乳，胸部小的就不会长。

副乳主要是脂肪组织，与局部脂肪堆积导致腋窝皮肤松弛有绝对关系，所以胸部大的人比较容易产生副乳，但不表示小胸部的人就没这个问题。既然是脂肪问题，就可以选择激光溶脂、超音波溶脂或抽脂来改善。

36.腹肌、马甲线应该长得左右对称，才自然、好看。

如果看过健美先生或健美小姐，就会发现他们中的大部分腹肌与马甲线都是左右高度不一样的，这是因为肌肉组织本来就不可能一模一样地排列组合，如果硬要把每一对腹肌都调得整整齐齐，反而会让人觉得不够自然，很像假的。所以，如果要用抽脂技术雕塑出腹肌或马甲线，想要做得自然，其外观往往是不完全对称的才好看哦。

37.如果接受了果冻硅胶隆乳，之后怀孕生小孩，就不能喂母乳，否则小孩可能会吃到有问题的母乳。

隆乳时果冻硅胶主要是放在胸肌下方、中间或乳腺下方等，位置会因为求美者自己的要求或医生手术方式的不同而有不同，但不管放在哪个位置，只要没有破裂，硅胶就不会流出来，当然也完全不会影响乳腺，喂母乳也不会有问题。

38.常打肉毒素瘦小腿，之后可能会导致肌肉萎缩，影响行走。

肉毒素瘦小腿主要是放松肌肉，运用肌肉"用尽废退"的原理，常锻炼就会让肌肉强壮肥大，相反的，不锻炼就会缩小，但并不会使肌肉失去功能。而且当药效代谢后，运动量又增加时，肌肉还是会慢慢变大，所以过一段时间就要再次施打。如果觉得反复施打很麻烦，也可以选择"85度C纤纤美腿术"，能达到永久效果。手术时间约1小时，术后第二天会有点酸酸的感觉，无法过度用力，然后肌肉就会慢慢变软，约1个半月腿围会开始变小，半年后效果最明显。

39.多汗的人，体味比较重，也就是所谓的狐臭。

有些人会以为汗臭就是狐臭，其实这两者并不相关。因为造成狐臭的原因主要是遗传原因和激素分泌过多，是顶浆腺（大汗腺）所造成的；而流汗则是外分泌腺散热的结果。

40.只有女性才会得乳癌。

因为乳癌主要是乳腺细胞异常，与乳房组织大小并没有绝对关系，所以不论男女都有得乳癌的风险。

41.乳晕是私密的地方，若有暗沉问题也不好意思就医，还是擦市场上的乳晕美白霜吧。

市面上的乳晕美白霜，主要成分是维生素C、A酸或果酸等，或许有美白效果，但改善也很有限，所以建议有乳晕黝黑困扰的患者，还是要咨询医生找出问题，才能有效治疗。

42.既然决定要隆乳，就越大越好。

其实，不管是隆乳还是整形，都要看本身的条件，如果比较瘦小的人硬要隆一个超大的胸部，比例上看起来反而奇怪。所以建议想要做隆乳手术的人，一定要了解自身的条件，并选择适合自己身形的乳房大小，才能做出好看的胸部。

43.隆乳后不能有任何触碰，所以性生活会受到影响。

不管是何种手术治疗，都有一定的恢复期，术后都需要休息一段时间。以果冻硅胶隆乳来说，伤口稳定后，还必须按摩6个月左右的时间以减少包膜挛缩的情况；而自体脂肪隆乳，更是半个月至一个月内都不能重压乳房，但隆乳后3个月复诊时，如果没有囊肿、硬块等问题，就可以过正常的性生活了。

44.如果做了增长手术，阴茎还变短，都是因为医生治疗失败。

阴茎增长手术只是把原本被包覆在耻骨附近的阴茎露出来，并没有另外加入组织，所以术后必须在家自行恢复，用重量训练来加强效果，否则手术的疤痕很有可能会收缩，再将阴茎拉回去，而有缩短的情况产生。

45.有人说性经验丰富的人，阴唇会比较黑且大。

阴唇的大小、颜色深浅主要是和体质、遗传有关，或是常穿着紧身贴身内裤使阴唇长期与衣物摩擦而造成色素沉淀，与性经验多寡完全没有关系。此外，孕妇也常因激素的变化而有阴唇变黑的情形。

46.怀孕时若是勤擦妊娠霜，就不会产生妊娠纹了。

妊娠纹的产生与体质及增胖的速度有关，而妊娠霜只起一种预防的作用，且目前还没有确实的证据可以证明它的效果。但若能避免体重过重，且多补充胶原蛋白，有可能减少妊娠纹的形成。预防妊娠纹产生是很重要的，若等到出现才处理，其治疗难度就会提高很多。

47.激光除毛标榜"永久除毛"，所以除毛后就完全不会有毛发再生了。

激光永久除毛的概念指的是以激光破坏毛囊，使其无法再长出毛发，但因毛囊干细胞会修补毛囊组织，所以或许还是会有些许的毛发长出，但就算再度长出毛发，也不会像原本那么黑、粗，而是变成较细小的汗毛。

全球注射类美容产品一览表

一、玻尿酸类（透明质酸）产品

功能：注射到皮肤的真皮层，增加组织的容积，从而恢复皮肤表面轮廓，改善面部皱纹和皱褶。

序号	中英品名	厂家	国别	技术	认证情况
1	润·百颜 BioHyalux	华熙生物	中国	微生物发酵 90% 交联剂	SFDA
2	逸美EME	爱美客生物	中国	发酵工艺 不含交联剂	SFDA
3	瑞蓝2型 Restylane 2	Q-Med AB 公司	瑞典	NASHA 技术 BDDE 交联剂	CE、FDA、SFDA
4	伊婉(怡荷)YVOIRE	LG 公司	韩国	双相玻尿酸 BDDE 交联剂	KFDA、SFDA
5	乔雅登　Juvederm	Allergan 公司	美国	Hylacross 技术 BDDE 交联剂	FDA
6	海兰弗姆 Hylaform	Genzyme 公司	美国	Hylan B 技术 DVS 交联剂	FDA
7	普若金 Puragen	强生公司	美国	DXL 双交联技术	FDA
8	爱丽维斯 Elevess	Anika 公司	美国		FDA
9	丝丽 Stylage	Vivacy 公司	法国	IPN-LIKE 技术 BDDE 交联剂	CE
10	爱莫微 Emervel	Galderma 公司	法国		CE
11	瑟金德木 Surgiderm	Corneal 公司	法国	3D Hyaluronic Acid Matrix BDDE 交联剂	CE
12	色克赛 Succeev	Sanofi-Aventis	法国		CE

序号	中英品名	厂家	国别	技术	认证情况
13	浦路瑞尔 Pluryal	MD Skin Solutions 公司	法国	PREMIUM 技术单相产品 BDDE 交联剂	CE
14	爱克斯海 X-HA	Laboratoires Filorga	法国		CE
15	微丽尔 Varioderm	Adoderm 公司	德国	MPT 技术 DVS 交联剂	CE
16	玛垂金 Matrigel	BioPolymer 公司	德国	PHRI 技术 生物合成非交联	CE
17	泽菲尔 ZFill	西莫公司	德国	CF 技术 BDDE 交联剂	CE
18	麦克得莫 MacDermol	Laboratories 公司	德国		CE
19	拜尔特若 Belotero	Merz 公司	德国	CPM 技术 BDDE 交联剂	FDA、CE
20	爱莫莲 Amalian	Nordic Aesthetics	德国	CIS 技术 单相、双相	CE
21	泰奥斯尔 Teosyal	Teoxane 公司	瑞士	交联技术 BDDE 交联剂	CE
22	艾塞丽丝 Esthelis	Anteis 公司	瑞士	CPM 技术 BDDE 交联剂	CE
23	水晶纳 Revanesse	Prollenium 公司	加拿大	Thixofix 技术 BDDE 交联剂	加拿大
24	海德米斯 Hya-Dermis	台湾科妍生物	中国	CHAP 技术 BDDE 交联剂	CE

二、肉毒素

功能：通过作用于胆碱能运动神经的末梢，以某种方式对抗钙离子的作用，干扰乙酰胆碱从运动神经末梢的释放，使肌肉纤维不能收缩致使肌肉松弛以达到除皱美容的目的，应用于一般的鱼尾纹、额头纹、眉间纹、鼻纹和颈部皱纹的祛除，狐臭、斜视的治疗，以及瘦小腿、瘦脸颊等。

序号	中英品名	厂家	国别	技术	认证情况
1	衡力	兰州生物	中国	A 型肉毒素	SFDA、KFDA
2	保妥适 Botox	Allergan 公司	美国	A 型肉毒素	FDA、SFDA、CE 等
3	普妥适 PurTox	Santa Barbara	美国	A 型肉毒素	临床研究
4	麦布劳 Myobloc	Solstice Neurosciences	美国	B 型肉毒素	FDA
5	丽舒妥 Dysport	Ipsen/Medicis 公司	英国	A 型肉毒素	FDA、CE
6	思奥敏 XEOMIN	Merz Aesthetics	德国	A 型肉毒素	CE、南美

三、胶原蛋白

功能：补充并刺激胶原蛋白产生，达到除去皱纹、紧致皮肤的效果。

序号	中英品名	厂家	国别	技术	认证情况
1	爱贝芙 Artecoll	汉福国际	荷兰	牛胶原、聚甲基丙烯酸甲酯	SFDA、CE、FDA
2	双美 Sunmax	台湾双美生物	中国	猪胶原（可完全降解）	SFDA、CE、FDA

四、生物软陶瓷

功能：注射进入人体组织时，以羟基磷灰石钙为主要结构与成分的稳定平滑的微晶瓷晶球会形成一个骨架，让新生的胶原蛋白交错镶嵌于组织间，这种稳固而柔软的架构形成了疗效持久且不位移的结果。广泛用于隆鼻，隆颧骨，隆太阳穴，祛除皱纹，丰满下巴、脸颊、缺陷凹痕等。

序号	中英品名	厂家	国别	技术	认证情况
1	微晶瓷 Radiesse		美国 韩国	羟基磷灰石钙	FDA、KFDA

五、血小板类

功能：PRP自体血清注射后，能提高皮肤内胶原蛋白和弹力纤维的含量，从而消除皱纹，提升、紧致皮肤。

序号	中英品名	简介
1	PRP富血小板血浆	富血小板血浆注射本质上是一种手术，用自身血液制作出富含高浓度血小板和自身生长因子的血浆，重新注射到真皮组织中

六、非确定性注射产品

提醒：此类产品在市面上出现过，但是要么没经过严格检验，存在危险隐患；要么证明是有危害性的，或者是没取得认证，合法性有问题，请消费者注意。

序号	中英品名	简介
1	聚酯胶 Aqumid	此产品原产丹麦，注射后可能会产生面部隐患，如出现脸部肿块和膨胀。而且一旦隐患出现，这些填充剂根本不可能取出来
2	奥美定 Amaxinge	原产乌克兰，可能会分解，产生剧毒，毒害神经系统，损伤肾脏，对循环系统造成伤害，而且无法完全取出
3	百.奥克米 Bio-Alcamid	一种意大利的产品，主要成分是水、透明质酸和聚丙烯酰胺凝胶，主要用来填补因皮肤病或是手术造成的面部凹痕。产品中含有的丙烯酰胺成分会在皮肤内形成永久存在的肿块及红肿
4	百普莱斯提克 Bioplastique	是一种新型硅胶微粒材料，在美国被严令禁止使用。此产品问题在于，人的面部组织是随着年龄的衰老而不断变化的，会发生松弛现象，而填充剂却不会随着皮肤的下垂而移位
5	德美莱&德美蒂 Dermalive &Dermadeep	成分及功效与爱贝芙类似，不过其中的小颗粒——聚合微粒过一段时间后，会引起皮肤的过敏反应
6	伊沃兰斯 Evolence	以色列的产品，成分是猪胶原，医学界始终没有提供具体的临床数据来支持此产品。它的使用手册上没有可供医学参考的数据，因此还需要对它进行深层次的研究
7	高泰克斯 Goretex	主要成分是膨体聚四氟乙烯(ePTFE)，美国FDA批准此种产品只可用于修复嘴唇的外科手术，而不可以将其用于整形美容。注意：该产品不易被取出

序号	中英品名	简介
8	奥特索夫 Ultrasoft	是高泰克斯(Goretex)填充剂的另一种变形产品,使用时沿着唇线注射,可以消除唇部周围的皱纹,但它会变得越来越坚硬,从而让你的嘴唇变得越来越硬
9	奥特兰 Outline	同样是聚丙烯酰胺凝胶类产品,没有临床数据可以证明这种产品具有充分、全面、长久的安全性
10	自体胶原蛋白 Isolagen	是科技含量最高的皱纹填充剂,它是通过美容者自身皮肤细胞的移植、克隆而制成的填充剂。在美国没有得到批准。一些美容外科大夫认为这种产品没有如宣传所说的那样能产生特别明显的治疗效果
11	美白针 Whitening needle	从台湾兴起,是通过注射的方式来解决面部问题,快速分解人体肌肤的黑色素、黄色素,修复受损细胞,补充活化美白因子,使全身美白因子的细胞更新,令全身肌肤由内至外白里透红、恢复弹性,由内而外调节肌肤,达到全身美白效果。但未获得 SFDA 认证
12	麦垂德 Matridex &Matridur	是由透明质酸制成,内含微小的球形颗粒。没有临床数据可以证明这种产品的安全性
13	伊维兰 Evolution	法国产,是一种聚乙烯醇微球,用来填补相关的深层皱纹、眉间纹、鼻横纹、皱褶、额头纹、鼻唇沟等。从 2009 年 9 月批文过期后,就再未得到国家药监局的重新审批。国家药监局也早于 2012 年 1 月 31 日就发布过伊维兰的退审批件通知,也就是说,2012 年 1 月 31 号以后流入国内市场的伊维兰产品都是不合法的

鸣谢：著名时尚摄影师冯海
明星御用造型师唐毅
《时尚芭莎》杂志